用數學的語言
看世界

一位博士爸爸送給女兒的數學之書
發現數學真正的趣味、價值與美

東京大學博士、加州理工學院理論物理學研究所所長
大 栗 博 司 /著

許淑真／譯

数学の言葉で世界を見たら：父から娘に贈る数学

一本用數學寫下的經典童話

賴以威（臺師大電機系副教授、臉譜「數感書系」特約主編）

　　如果用法語來譬喻的話，這本書不是從最初級的文法開始教的教科書，反而像是去法國旅行時能派上用場的會話書。

　　　　　　　　　　　　　　　　——〈前言‧送給女兒的數學課〉

　　讀完前言再翻回封面看書名，你大概就知道這是一本怎樣的數學書了。作者大栗博司教授是加州理工學院的理論物理學研究所所長，這是一本站在知識頂端的學者，低首寫給女兒的一本數學童話書。

　　有涉獵數學科普書的朋友，一定對書中某幾個數學故事不陌生：無限個房間的旅館，某天來了無限多位客人；從辛普森殺人案件中討論機率；質數在加密解密上的應用……。事實上，書中所用的都是相當經典的數學故事。

　　但看過不代表就沒意思，經典之所以是經典在於它能讓人印象深刻。所以我們看到羅密歐與茱麗葉的故事不斷被改編，金庸小說每隔幾年就被拿上銀幕重拍一次。透過不同的詮釋，經典會被賦予不同的感受。

　　大栗博司教授就是一位能充分發揮數學經典魅力的作家。

1900 年，德國大數學家希爾伯特（D. Hilbert）在巴黎的國際數學會議上引用了一位法國老數學家的話：「如果你無法將一個數學理論弄清楚到可以解釋給街上任何一個人聽，那麼這個數學理論就不算完成。」把一個很難的問題說得很複雜沒什麼了不起，只要照著網路上找到的資料唸就好；但想要用自己的語言，清楚地對他人解釋，那就需要對整套知識的通盤了解。

§ 差一點就差很多的機率推理

大栗博司教授具備這樣的本事，他對每個經典的數學故事和背後理論有著透徹的認識，在表達闡述上也下過一番苦心（照他自己的說法是，專欄寫一遍，集結成冊時再重新大改一次）。例如第一話講到機率時的「量化可能性」。在辛普森殺妻命案中，辯護團律師有這麼一段論述：「2500 位虐待妻子的丈夫之中，只有 1 人會因此而殺了妻子。」低到只有萬分之四的機率，因此對辛普森「既然會家暴，也可能會殺了妻子」的控訴自然不成立。

看起來相當合理，但大栗博司教授指出其中推理的重大缺陷。先看另一個事實：美國兩萬名已婚婦女中，只有 1 人會遭到丈夫以外的人殺害。換句話說，如果是十萬名被家暴的婦女，平均有 5 位會遭到丈夫以外的人殺害。但同時，因為萬分之四的機率，有 40 位婦女會被丈夫殺害。所以家暴殺害妻子的機率高達 40/(40+5)，將近 90%。

為什麼同樣的一件事從不同角度來看，機率會差這麼多？

關鍵在於辛普森妻子此刻的死活。

辯護團律師的計算過程，是建立在只遭到家暴的前提下。但擺在

眼前的現實是她已經死亡，因此計算機率時，必須將妻子遭到殺害這個事件作為前提。兩者都是在計算條件機率，只是條件有所不同，大栗博司教授的考量顯然更符合當下的狀況。

僅僅是一個條件的不同（有沒有考慮到妻子已遭他殺），就讓數據大翻轉。好比原本以為骰子只有一面是六點，打開骰盅才發現有五面都是六點。大栗博司教授透過這個例子，讓讀者感受到精算機率的威力，也更認識條件機率。

§　不接受負數的數學家

我另一個喜歡本書的原因是，書中提到一些數學發展演進的過程。如果你唯一的數學讀物是課本，那麼，儘管你知道不是這樣，但還是會常常覺得數學彷彿一開始就長得跟現在一模一樣，每一條公式、定理都是數學家們信奉的真理。

「從零減去四的話，依然是零！」

這句話很荒謬吧，聽起來就像是哪個試圖在數學課跟老師唱反調的同學會說的話。但它其實是出自於法國偉大的數學家帕斯卡（B. Pascal）之口。帕斯卡製作了全世界第一台計算機，氣壓常用單位「百帕」也是以他來命名，學校上課會提到的帕斯卡三角形，同樣是在指這位數學家（雖然這個三角形其實不是他發明的）。這麼一位天才數學家，對負數的了解真的不如一位國小學生嗎？其實不是，只是在那個時代數學知識的演進與觀念，還不足以讓數學家們接受「負」，他們覺得零就是無，不存在比無還更小的事物。

從數學史的演進裡我們可以看到，現在被視為理所當然的數學知識，在過去可能曾經被視為錯誤，是經過許多數學家們辯證、思考後才被接受，納入數學體系。

　　從這個角度來看，小朋友學數學時有問題是再理所當然不過了，畢竟連帕斯卡都對負數感到疑惑，我們更不應該用「公式就是這樣啊」的回答去敷衍他們，而是要開心於他們有自己的思辨能力，不會只因為課本這樣寫，就決定相信。

　　我想大栗博司教授被女兒問到數學問題時，心裡必然也有類似的想法吧。

§ 語言乘載思考

　　每當腦海裡浮現一個想法時，我們會挑選適當的詞彙與句型，將想法裝入名為「語言」的容器中。但不是每次都能找到完全貼合的容器，有時候會有空隙，有時候得用力擠一下才能放進去。也因為這樣，如果長期使用同一種語言作為容器，我想會反過來影響到一個人的思考。

　　伽利略說過：「自然界的書是用數學的語言寫成。」把學校課本視為文法書，這本書視為旅遊會話書，重新以語言的角度來看待數學，活用數學。相信習慣後，你的思維也會被數學固有的特質雕塑得更加精確，更有邏輯性。

　　現在，準備好閱讀這本用數學寫下的經典童話了嗎？

送給女兒的數學課

　　在妳出生的時候，我希望妳能夠一輩子都過著幸福快樂的生活，與此同時，也希望妳能成為一個對社會進步有貢獻的人。雖然現代社會存在許許多多的問題，不過我認為我們正好生活在人類史上最光明燦爛的時代。父母親比起任何人都更希望自己的子女能夠享受到世界上最好的東西，但是我卻覺得不該只是這樣。這個社會是由人類的知識以及努力逐漸累積形成的。所以，我們不能僅僅只是享受前人努力換來的成果，同時也要做出更好的東西，留傳到下一個世代。

　　21 世紀是個充滿不確定感的時代，連國際社會上的法則都逐漸改變。中國有 13 億人，而印度有 12 億的人口。如果這些人大多數都能接受高等教育，進而從事知識產業的話，世界應該會發生驚天動地的改變吧。每當說到這樣的話題，總是有人聯想到日本或是美國等先進國家的年輕人未來應該會遭受到很大的威脅，不過我卻不這麼

想。如果開發中國家的幾十億人都能夠有機會接受良好教育，那麼就能夠不斷產生嶄新的創意來解決現代社會的問題了。如果全世界的教育程度都提高，能夠分配的大餅也會增加。對於出生在 21 世紀的妳而言，這是一個很大的挑戰，但是我認為，這同時也是前所未有的轉機。

要在這個不斷改變的世界上生存下去的必須能力是什麼呢？我認為是「自主思考的能力」。歐美教育有著博雅教育（Liberal arts）的傳統。博雅教育是從古希臘以及羅馬時代開始的，Liberal 本來意味著自由，也就是不被當成奴隸。也就是說，博雅教育是一種教養方法，希望培育出能夠透過自己的自由意志來改變命運的自由人。想要成為領導者的話，必須要鍛鍊的能力就是——面對預料之外的事情時，自己思考解決問題的能力。

在古羅馬時期，所謂的博雅教育包含了「邏輯」、「文法」、「修辭」、「音樂」、「天文」、「算術」以及「幾何」等七個科目。前三項是為了訓練能夠說出具有說服力的話語的能力。因為思考要化作語言才真正成形，為了要獲得自主思考的能力，就必須能用嚴謹的語彙述說自己的想法。

我覺得有趣的是，「算術」及「幾何」這種數學項目也被列入其中。一般都覺得，跟語言有關的文學或外文屬於文科，而數學則是理科，但是我卻覺得學數學也像是在學習另一種語言，這種語言是為了可以正確地表示事物本質而創造，這一點正是英語或是日語無法達到的。因此，如果明白了數學這種語言，就能夠說出以前無法述說的話語、看清以前不曾見過的事物、思考以前不曾想過的問題。

其實，我在小學的時候也不怎麼喜歡算術，但是升上國中之後，

卻漸漸地喜歡上數學這門課程。其中的轉折點在於——我終於體會到「用自己的頭腦思考的快感」，能正確地解答課本上的數學問題，找到獨一無二的答案。能夠利用自己的力量解決學校沒有教過的問題，更能得到滿足的喜悅。而且即使不問老師，就能夠自行判斷解答到底正不正確，就好像小嬰兒剛開始學走路時，用自己的雙腳一步一步踏出去一般，在解題的過程中會得到一股新的力量，令人感覺更新更廣的世界在眼前展開。我希望也能讓妳體會到那種喜悅。

這本書會提到一些關於讓 21 世紀的人生更有意義的數學。當然，如果想要有系統地學習數學的話，學校的教科書是最好的教材。剛剛提到數學就像語言一般，如果用法語來譬喻的話，這本書不是從最初級的文法開始教的教科書，反而像是去法國旅行時能派上用場的會話書。就好比到巴黎的餐廳裡用法語點餐時，想要奢侈一下點一些高級餐點而請服務生介紹今日推薦時，有能力判斷哪一項是不點會後悔、絕對不可錯過的重點。或是，就像參觀羅浮宮美術館，讓古時候的偉大藝術品豐富心靈，這本書也是這樣，在敘述實際應用的數學，同時也述說了從古巴比倫以及古希臘時代開始孕育的數學的偉大之處。

我並不是一位數學家。從 1989 年在東京大學取得物理學博士學位開始，五年後在加州大學柏克萊分校擔任教授，甚至是 2000 年調職到加州理工大學，我一直都身處物理學界。然而，到了 2010 年，數學系的老師們來邀請我，希望我也兼任數學系的教授。我覺得我沒有證明過可以在歷史上留名的定理，因此婉拒了他們的好意，然而對方卻說「對數學有貢獻的方法並不只是證明定理而已，你的研究可以提出新的數學問題，刺激數學產生新的發展」，因此我接受了這項邀請。實際上，的確有以我的名字命名的數學預測，其中有幾個預測被

數學家們運用嚴謹的方法證明了。因為這樣，我不是證明定理的數學家，但是卻被認為是數學的「使用者」。這本書中所寫的，就是從一位使用者的角度看到的數學。

　　無法完整收錄在本書中的解說、話題或是參考文獻，我都公開在我的網頁上的附錄中。這樣的話，當數學有新的進展時，也可以立刻在網頁上更新，或是可以追加新的參考文獻。當然，即使不讀參考附錄也不會妨礙閱讀，只是如果想要知道得更深入的話，請參考 http://ooguri.caltech.edu/japanese/mathematics。

　　那麼，就讓我們開始吧。

目次

第一話
利用不確定的資訊來判斷

序 O・J・辛普森（O.J. Simpson）判決案
　　辯護方教授的主張

　　一生中總是有些需要做出重大決定的時刻。雖然現在的政策規定，學校裡的考試題目只能有一個標準答案，然而在現實社會中，大多數的事物或問題都是沒有標準答案的。而且，我們也不一定能夠得到解決問題所需要的全部線索。當手中只有無法確定的情報時，該怎樣利用這些不確定的情報來下判斷呢？另外，當獲得新的情報時，又該用怎樣的基準來修正判斷呢？這一話，我們將要教大家這些方法。

　　那時妳應該還沒出生吧。1994 年，在洛杉磯發生了名為 O・J・辛普森案（O. J. Simpson）的著名案件。世界知名的美式橄欖球員辛普森的前妻妮可爾・布朗（Nicole Brown）與她的友人羅納德・高曼

（Ronald Goldman）被發現陳屍在家門前，辛普森被懷疑牽涉其中。從球員身分引退之後，他在戲劇以及節目上都很活躍，人氣很高，因此這個案件當時非常轟動。為辛普森辯護的優秀律師團集結自全美各地，被稱為「夢幻隊」（Dream Team）；而檢方也集合了厲害的檢察官，這場「世紀判決」連電視都進行現場轉播。

檢察官提出一項證據，指出辛普森在這幾年間都對妻子布朗施暴，因此認為這起殺人事件是由家庭暴力行為所導致的。辯護團的其中一位成員是哈佛大學法學院教授艾倫・德肖威特（Alan Dershowit），他引用了一項美國聯邦調查局的犯罪調查資料，資料中指出在 2500 位虐待妻子的丈夫之中，只有 1 人會因此而殺了妻子。因此他認為應該忽略辛普森的家庭暴力前科。因為檢察官無法有效反駁這項論點，辛普森因為家暴而殺人的論點也就無法取得陪審員的認同。然而，德肖威特教授的主張其實是一項詭辯，而能夠打破這個詭辯論點的，就是數學了。

刑事案件在判決時，注重的是有罪的「機率」有多少。然而，除了在眼前發生、親眼所見的犯罪行為之外，沒有人可以斷定嫌疑犯百分之百有罪。所以，檢察官所講求的是「無罪的機率非常小」，用法律用語來說就是「超越合理懷疑原則」，意思就是指「必須找到沒有任何疑點、不足以產生合理懷疑的證據，才能判定有罪」。機率到底要小到多少，才能夠達到「不足以產生合理懷疑」這項要求呢？這是一個無法只用數學判斷的主觀問題，得交由法官以及陪審員判斷。然而，數學可以利用機率將懷疑的程度數字化，看看是否還有殘留「合理的懷疑」的可能。

將剛剛的殺人事件轉換成機率語言的話，德肖威特教授主張，丈

夫因為家庭暴力而殺妻的機率只有 2500 分之一，這是一個非常小的數字，因此不能作為殺人事件的證據。 然而，在下判斷時，必須要考慮其他所有的相關情報。在這個案件中，德肖威特教授忽略了一項非常重要的資訊，如果考慮到這件事實，機率計算的方法就會完全改變。那件事實就是——辛普森的妻子布朗已經死亡。這一話最主要的目的，就是為了說明這個道理。

1 首先來擲骰子吧

機率是一種利用數字來表示某件事發生可能性的方法。想想看，擲骰子的時候，出現一點的機率是多少呢？骰子有六個面，分別刻有一點到六點，如果每個面都是相同的，那麼平均擲六次骰子，應該會出現一次一點。用數學的語言來說就是，「一點出現的機率是 1/6」。

但是，說不定這顆骰子具有容易骰出一點的傾向。這樣的情況下，1/6 就不是正確的估算值了。想知道這種「有偏好」的骰子出現一點的機率，只好做實驗了。假設擲了 1000 次骰子，其中，一點出現了 496 次，這個次數比剛剛估算的「平均六次裡出現一次」還要多很多。換算成機率的話，496/1000 = 0.496，比 1/6 ≒ 0.167 大很多（在此計算到小數點以下第四位，最末位數字四捨五入，因此以近似值的記號表示）。一點出現的機率比 1/6 大很多，因此可以確定這顆骰子是容易骰出一點的、有偏好的骰子。如果骰子的狀態沒有改變的話，下回再擲 1000 次骰子，出現一點的機率也不會改變。只是，每回擲骰子所出現的點數次數都會稍稍有變動，不能肯定會剛剛好是

496 次。因此，剛剛計算出的 0.496 的數字，也不是正確的機率。如果想要知道更準確的機率，就必須要增加擲骰子的次數。這種利用實驗來求得機率的方法，隨著實驗次數的增加，得到的數值就會趨近一個特定數值，這就是數學上所謂的「大數法則」。

到目前為止提到了兩種計算機率的方法：

【方法 A】假設骰子從一點到六點出現的機率都一樣，骰子出現的點數有六種可能性，其中一種可能性的機率就是 1/6。

【方法 B】實際擲骰子之後計算（一點出現的次數）/（總共擲骰子的次數），就可以得到機率。

雖然方法 B 無法知道機率的正確數字，但是根據大數法則，只要增加實驗次數，得到的數值就會接近一個特定值（對沒有偏好的骰子而言，就會接近 1/6）。另外，方法 A 是假設每個可能性發生的機率都是一樣的，如果是有偏好的骰子的話，方法 A 就不能得到正確的數值了。這一話的後半，會加以說明這種似乎有某種偏好的骰子應該如何修正機率。

現在，思考一下同時擲兩顆骰子的情況。兩顆骰子同時擲出一點的機率是多少呢？利用方法 A 來解答的話，首先要考慮所有可能出現的方式。每一顆骰子都有一到六點，兩顆骰子的話，就有 $6 \times 6 = 36$ 種組合方式。如果這 36 種組合出現的機率都相同，那麼兩顆骰子同時出現一點的機率就是 1/36，也就是 $1/6 \times 1/6$。換句話說，就是一顆骰子出現一點的機率 1/6 乘上另一顆骰子出現一點的機率 1/6，就可以得到兩顆骰子同時出現一點的機率。

由此我們可以知道，「兩起事件同時發生的機率是個別事件發生機率的乘積」。請特別注意，雖然這是重要的機率性質，但是這僅限

於兩件事情彼此是獨立事件的情況下，才能夠使用這個方法，並非所有的機率問題都可以這樣計算。獨立事件指的是像我們現在所提到的例子：一顆骰子的點數並不會影響另一顆骰子擲出的點數。

2 不會輸的必勝法

利用機率的「兩起獨立事件同時發生的機率，是個別機率的乘積」這項特性，我來傳授各位一個不會輸的方法。例如，丟一枚銅板，猜猜看是字還是人頭。如果銅板沒有偏好的話，任一面的機率都是 1/2。而如果是有偏好的銅板，字面出現的機率表示為 p，人頭面出現的機率表示為 q，因為銅板只有字跟人頭兩面，所以 $p + q = 1$。

如果出現字面可以獲得一元，如果出現人頭就損失一元。連續投兩次，兩次都出現字的機率是 $p \times p = p^2$。如此反覆進行，連續投了 n 次都是字的機率就是 p^n（p^n 的意思就是 p 乘上 p，連續乘了 n 次，讀作「p 的 n 次方」）。因為 p 比 1 小，所以當 n 愈來愈大，p^n 就會愈來愈小，就像連續一直贏是很困難的。

假設最初有 m 元，贏了就得到一元，輸了就損失一元，見好就收，如果贏到了 N 元就停止。在這之前即使有任何得失都不會停。這麼一來，會先獲得目標的 N 元，還是先破產呢？

贏錢的機率可以寫成 $P(m, N)$。P 是機率的英文 "Probability" 的第一個字母，用來表示機率。從 m 元開始，變成 N 元的機率就寫成 (m, N)。如果機率大於 1/2，就比較有可能贏錢，相反的，如果機率很小，還是早點收手比較好。從 m 元開始，贏得 N 元的機率可以寫成下面的公式：

$$P(m, N) = \frac{1 - \left(\frac{q}{p}\right)^m}{1 - \left(\frac{q}{p}\right)^N}$$

而破產變成 0 元回家的機率就是 $1 - P(m, N)$。

但是，$p = q = 1/2$ 時，$p/q = 1$，方程式右邊的分子與分母都為零，零除以零是無意義的。所以這個特殊情況要以另外一個方程式表示：

$$P(m, N) = \frac{m}{N}, \left(p = q = \frac{1}{2} 的時候\right)$$

例如，$P(10, 20) = 1/2$，這是指原本有 10 元，可以賺到兩倍的機率與破產變成 0 元的機率剛好一半一半。

如果硬幣被稍稍動了一點手腳，出現字面的機率為 $p = 0.47$，而出現人頭的機率為 $q = 0.53$ 的話，會變成怎樣呢？利用上述的公式計算，得到 $P(10, 20) \fallingdotseq 0.23$。也就是說，獲得兩倍的機率從原本的 50% 降低到 23% 了。而居然有 77% 的機率會破產！只不過是硬幣被稍稍動一點手腳，稍微增加一點出現人頭的機率，破產的機率就從 50% 大幅上升到 77%。

這還只是勝負比較小的情況，如果一開始的賭注更大，後果就會更悲慘。例如，如果想從一開始的 50 元變成兩倍的 100 元，機率是 $P(50, 100) \fallingdotseq 0.0025$，也就是 0.25%，這幾乎可以說是必敗無疑了。

經營賭場的利益就在這裡。例如，美式輪盤（Roulette）有 1 到 36 的數字小格，從 1 到 18 是紅色，19 到 36 是黑色。如果僅僅是這樣，那麼出現紅色跟出現黑色的機率都一樣是 18/36 = 1/2，不過，輪盤上還有 0 跟 00 兩個小格，如果球落入了這兩格，那籌碼就會被莊家收走。雖然這個遊戲是猜紅色或黑色，但是對參與遊戲的人而言，機

率卻是 $p = 18/38 \fallingdotseq 0.47$。也就是說，跟剛剛提到的投擲有3%偏好的硬幣一樣。所以跟剛剛計算的結果一樣，如果帶著50元，一次輸贏1元，想要獲得100元的話，實情是——有99.75%的機率會破產。

　　相反的，如果機率對玩遊戲的人稍稍有利的話，結果又會是如何呢？當 $p = 0.53$，$q = 0.47$ 的情況下，利用 $P(m, N)$ 的公式計算，$P(50,100) \fallingdotseq 0.9975$。跟剛剛提到的狀況不一樣，$p$ 跟 q 的值互換了，所以獲得兩倍錢的機率跟破產的機率也互換了。僅僅是多了3%的優勢，從50元變成100元的機率就變成了99.75%。如果不是倒楣到極點的話應該不會輸吧。

　　這個 $P(m, N)$ 的公式可以告訴我們許多事。首先，立刻就能學到的是「賭博即使只是稍稍不利，也不能參與」。那怕只是少了那麼一點點的機率，破產的機率卻會三級跳。因此，像是美式輪盤或拉霸機（slot machine）那種莊家可以操控 p 的遊戲，想都不必想玩家一定是輸的。

　　相反的，如果玩家想要求勝的話，即使 p 只是比 1/2 大一點點也好，勝的機率就會提升。例如，二十一點（Blackjack）這種撲克牌遊戲，只要能夠記牌就會有很大的優勢。在美國的賭場設定二十一點的勝率為 $p = 0.495$，但是如果能夠記牌，勝率則會逆轉成為 $p = 0.51$。由達斯汀・霍夫曼（Dustin Hoffman）以及湯姆・克魯斯（Tom Cruise）主演的電影《雨人》（$Rain\ Man$）就上演過這樣的情節。還在普林斯頓高等研究所從事研究工作時，我同事每週末都會去大西洋城（Atlantic City）的賭場，利用二十一點賺點零用錢呢。

　　每一次贏的機率僅僅只有增加3%，但是最後從50元翻倍的機率卻增加成為99.75%。只要不是倒楣到極點，應該是不會輸的。換

句話說，這種「在稍微對自己有利的時機，具有充足的資金的話，幾乎可以確定會贏」。這就是我所謂的不會輸的必勝法。

雖然好像是理所當然的事情，但是希望各位要注意「稍微對自己有利」這句話。不管是多微小的數字，只要機率站在我們這一邊，然後帶著大筆金額開始的話，幾乎都可以確定會勝利。相反的，像是美式輪盤或是拉霸機那種，只是稍稍對遊戲的人不利的玩法，即使想著要贏錢，幾乎可以確定必敗無疑（回想一下，當 $p = 0.47$ 的時候，$P(50, 100) \doteqdot 0.0025$）。這種遊戲，毫無疑問地絕對不能參與。

各位在未來的生活中，這樣的事情應該會在各式各樣的時刻裡不斷地發生。例如，每個人應該都想要健康地活到老吧。但是，可能會突然生一場意料之外的重病，也可能在上學路上遭遇交通事故也說不定。健康長壽這件事情，與投硬幣要贏回兩倍的錢類似，都是由一次次的偶然慢慢累積，最終才能得到最後的結果。在這個過程中，每一個步驟，只要有點小小的優勢或是小小的不利，就會對最後結果造成很大的影響。

其實，我們可以稍微掌控健康長壽的機率。例如，均衡飲食、適度運動、不要抽菸、乘坐汽車時繫好安全帶等等，可以透過自己的選擇，讓每一步都是對健康長壽有益的。當然，出生時的體質也會對壽命造成影響。如果用丟硬幣來譬喻的話，一出生就具有長壽體質的人，就好比是剛開始就有很多本金（m）的情況。相對的，每天都很注意健康，做出對健康有利的決定，則好比是提高硬幣出現字面的機率（p）一般。丟硬幣的時候，當 $p = 0.47$ 時，50 元能翻倍的機率只有 0.25%，但是當 $p = 0.53$ 時，翻倍的機率變成 99.75%。機率 p 的小小差異，會造成非常大的影響。經常有人說「積沙成塔」，如

果用機率的公式 $P(m, N)$ 來說明，就可以經由數字的比較而明白「累積」的成果到底有多重要。這就是數學的力量。

　　我們通常會覺得那些做出一番事業的成功人士並不是一般人，而是因為他們具有特別的才能才會成功。不過也有部分成功人士看起來就和一般人沒有兩樣，幾乎沒有特殊的地方，但卻一步一步累積對自己有利的機率，長久下來，就造成非常大的影響。這一節提到的機率公式，能夠教給各位的就是這一點。

3 條件機率以及貝氏定理

　　好像變得有點像在說教了，趕緊換個話題來談談不同類型的機率吧。

　　到目前為止，我們提到的都是獨立事件的機率。兩個獨立事件同時發生的機率，就是各自機率的乘積。例如，投擲出現正面的機率為 p 的硬幣兩次，兩次都是正面的機率就是 $p \times p$。但是呢，也有兩件事相互不是獨立事件的情況。

　　舉例來說，假設你的學校的班級裡有 36 人，其中 1/3 的人自然成績很好，1/2 的人數學成績很好。如果隨機選出一位學生，那麼這位學生自然跟數學成績都很好的機率是多少呢？如果這兩件事情是獨立事件的話，那麼機率就是 $1/3 \times 1/2 = 1/6$。不過，學習自然時，經常需要使用到數學，所以自然成績好的學生應該數學成績也會比較好。因此，這兩件事情之間就「不是獨立事件」。

　　假設將班上的學生依照數學跟自然成績分類，結果如下面這張表。

	數學成績好	數學成績不好
自然成績好	10	2
自然成績不好	8	16

利用這張表來計算機率吧。36 個學生當中，有 10 人的數學跟自然成績都很好，因此機率是 10/36 ≒ 0.28。這個數字比剛剛計算出來的 1/6 ≒ 0.17 還要大很多。

將自然成績好，同時數學成績也很好的機率表示為 P（自然→數學）。利用上表來計算的話，自然成績好的學生有 10 + 2 = 12 人，而其中數學好的有 10 人，因此 P（自然→數學）= 10/12 = 5/6。另外，自然成績不好而數學好的機率為 8/24 = 1/3，看得出來自然成績的好或不好會影響到數學成績好的機率，因此這兩件事情不是獨立事件。因為 P（自然→數學）是在「自然成績好」的條件之下的機率，因此將這種機率稱為「條件機率」。

那麼，數學成績好，同時自然也好的機率是多少呢？利用上表來計算的話，P（數學→自然）= 10/18 = 5/9，跟 P（自然→數學）= 5/6 不一樣。可能會覺得這兩個機率很像，但是其實是完全不同的。

但是，這兩個機率之間並不是完全沒有關聯，他們之間存在著下列的關係式：

P（數學）P（數學→自然）= P（自然）P（自然→數學）

P（數學）是指數學成績好的機率，就是 18/36 = 1/2。P（自然）是指自然成績好的機率，就是 12/36 = 1/3。把數字帶入關係式中，就可以確認關係式的正確性了，1/2×5/9 = 1/3×5/6，的確是成立

的。

　　這並不是偶然發生的巧合。為了方便理解，把關係式改寫成一下：

P（數學）＝（數學成績好的人數）/（全班人數）

P（數學→自然）＝（數學跟自然成績都好的人數）/（數學成績好的人數）

P（自然）＝（自然成績好的人數）/（全班人數）

P（自然→數學）＝（數學跟自然成績都好的人數）/（自然成績好的人數）

　　利用這個寫法來計算 P（數學）P（數學→自然）以及 P（自然）P（自然→數學），兩者都會是：

（數學跟自然成績都好的人數）/（全班人數）

　　兩者都是在計算全班人數中「數學跟自然成績都好的機率」，關係式的左右兩邊便相等了。

　　在數學的世界裡，這個關係式 P（數學）P（數學→自然）＝P（自然）P（自然→數學）稱為「貝氏定理」（Bayes' theorem）。托瑪斯‧貝葉斯（Thomas Bayes）是 18 世紀的一位英國牧師，據說他為了計算神存在的機率，而發現了這個關係式。不過，他在生前並沒有對外發表這個定理，直到他死後將近半個世紀，法國的數學家拉普拉斯（Pierre-Simon Laplace）才在介紹機率的書中寫到貝氏定理，在那之後，貝氏定理才變得有名。

4 接受乳癌篩檢是沒有意義的嗎？

　　很多時候，條件機率會成為計算機率問題時的解題關鍵。使用貝

氏定理的話，計算就會更加簡單明白。接著，讓我們利用乳癌篩檢的議題來說明吧。

前面說到，我們能夠控制健康長壽的機率 p，因此為了提高 p，每年做健康檢查也是很重要的。美國癌症協會建議，為了能夠早期發現乳癌，40 歲以上的女性應該每年做一次乳房影像檢查（Mammography，利用低劑量的 X 光所做的乳房斷層攝影）。但是，在 2009 年，美國政府的預防醫學工作組卻公開表示「不鼓勵 40 多歲的女性每年接受乳房影像檢查」，引起很大的話題。

「罹患乳癌的人接受乳房影像檢查呈現陽性的機率為 90％」，這可以用下列的式子表示：

$$P（罹患乳癌 \rightarrow 陽性）= 0.9$$

既然檢查出癌症的機率有 90％，那麼應該還是接受檢查比較好吧。為什麼預防醫學工作組反而不建議女性接受檢查呢？

假設接受乳房影像檢查後呈現陽性，這個時候最想知道的應該是在「檢查出來是陽性」的條件下罹患乳癌的機率吧。雖然剛剛提到了機率是 90％，不過那是在「已經確定罹患癌症」的條件下檢查結果為陽性的機率，與現在想要知道的機率是不一樣的。雖然這兩者不一樣，但是彼此之間卻有關聯，貝氏定理就可在這時候派上用場：P（陽性）P（陽性 $\rightarrow$ 罹患乳癌）$= P$（罹患乳癌）P（罹患乳癌 $\rightarrow$ 陽性），利用這個關係式就可以計算出 P（陽性 $\rightarrow$ 罹患乳癌）了。

根據最新的統計，美國 40 多歲女性罹患乳癌的機率為 0.8％。也就是說：

$$P（罹患乳癌）=0.008$$

另外，40 歲世代女性接受乳房影像檢查出現陽性的機率為 P（陽性）＝ 0.08。因此，

$$P（罹患乳癌）＝ 0.008$$
$$P（陽性）＝ 0.08$$
$$P（罹患乳癌→陽性）＝ 0.9$$

計算所需的元素都收集齊全了，代入貝氏定理，就可以得到：

$$P（陽性→罹患乳癌）$$
$$=\frac{P（罹患乳癌）P（罹患乳癌→陽性）}{P（陽性）}=\frac{0.008 \times 0.9}{0.08}=0.09$$

也就是說，「檢查結果為陽性的情況下，罹患癌症的機率」僅僅只有 9%。偽陽性的機率居然超過九成。

因為接受檢查的女性中有 8% 的人會被檢查出陽性，但是其中有 9 成以上的人其實並沒有罹患癌症，因此預防醫學工作組才會不建議女性接受檢查。因為，如果檢查出陽性的話，需要接受更進一步的組織切片檢驗，會對受檢者的身體造成很大的負擔，而且心理上的衝擊也不小。經過調查，得知是偽陽性三個月後，仍然有一半的人會感到擔心。另外，對美國政府而言，也必須估計保險應該涵蓋的範圍到底是多少，因為不只是不接受檢查有罹患癌症而未發現的風險，接受檢查也有偽陽性的風險。

只是，對女性而言，人生只有一次。即使有偽陽性的風險，如果

能夠早期發現癌症的話，應該還是會想接受檢查吧。實際上，美國癌症學會就對預防醫學工作組提出的這項勸告發表反對聲明。而現實生活中，妳的母親在 40 歲之後，每年也都會接受乳房影像檢查。

剛剛提到，40 歲世代女性在乳房檢查中驗出陽性，實際上得到乳癌的機率只有 9％。那麼，驗出陽性之後，再做一次檢查會得到怎樣的結果呢？為了讓計算更簡單，就不改變檢查的可信賴度。第一次檢查的結果為陽性，因此罹患乳癌的機率為 9％，也就是 P（罹患乳癌）= 0.09。然後，同一位女性，第二次檢查也出現陽性的機率為 P（陽性）= 0.14。於是，再次使用貝氏定理：

$$P（陽性\rightarrow罹患乳癌）= \frac{0.09 \times 0.9}{0.14} \fallingdotseq 0.58$$

只有檢查一次而出現陽性的情況下，罹患乳癌的機率為 9％，但是再檢查一次又是陽性的話，機率就增加為 58％。

檢查前，得到乳癌的機率為 0.8％。接受檢查之後結果為陽性，得到乳癌的機率就變成了 9％。但是，不能因為機率只有 9％，就認為檢查毫無意義。再多做一次檢查，兩次都是陽性的話，機率就上升為 58％。運用貝氏定理，就可以在得到新的資訊時，修正機率的計算方式。「從經驗中學習」這句話，也可以用數學來解釋呢。

機率可以用數字明確地表示出接受檢查的風險與不接受檢查的風險這種抽象概念。好好理解數字所代表的意義之後再做判斷，就是這一話的標題「利用不確定的資訊來判斷」的含義了。

5 用數學學會「從經驗中學習」

　　現在，讓我們用剛剛提過的有偏好的骰子來做為「從經驗中學習」的例子。在學校學習機率的時候，老師們會強調一件事：「第一次擲出的骰子點數，不會影響第二次擲骰子的點數。」因為擲兩次骰子時，每一次的機率都是獨立事件。例如投擲沒有偏好的骰子時，第一次擲出一點的機率是 1/6，而第二次擲出一點的機率也一樣是1/6。

　　但是，如果將沒有偏好的骰子與有偏好的骰子混在一起，在根本不曉得是擲到哪一顆骰子的情況下，第一次擲出一點的機率，就會影響到第二次擲出一點的機率了。

　　沒有偏好的骰子擲出一點的機率是 1/6，假設有偏好的骰子擲出一點的機率是 1/2。寫成關係式就是：

$$P（沒有偏好骰子 \to 一點）= 1/6，P（有偏好骰子 \to 一點）= 1/2$$

　　沒有偏好的骰子以及有偏好的骰子各有一顆，隨手取一顆骰子，骰子有或沒有偏好的機率是一半一半，也就是：

$$P（沒有偏好骰子）= P（有偏好骰子）= 1/2$$

　　利用這些數據，計算一點出現的機率，就可以得到：

$$P（一點）= P（沒有偏好骰子）P（沒有偏好骰子 \to 一點）$$
$$+ P（有偏好骰子）P（有偏好骰子 \to 一點）$$
$$= \frac{1}{2} \times \frac{1}{6} + \frac{1}{2} \times \frac{1}{2} = \frac{1}{3}$$

　　因為混入了容易擲出一點的骰子，所以出現一點的機率從 1/6 上升為 1/3。

　　那麼，第一回擲出一點之後，再擲一次同樣的骰子，第二回也出現一點的機率是多少呢？首先要注意的是，第一回擲骰子時是不是出現一點，會影響到骰子是否為有偏好的骰子的機率。

　　利用貝氏定理，可以得到下面的方程式：

$$P（一點）P（一點→沒有偏好骰子）= P（沒有偏好骰子）P（沒有偏好骰子→一點）$$

　　計算之後得到：

$$P（一點→沒有偏好骰子）= 1/4，P（一點→有偏好骰子）= 3/4$$

　　在原本根本不知道手上的骰子有沒有偏好的狀態下，$P（沒有偏好骰子）= P（有偏好骰子）= 1/2$，但是第一回投擲骰子出現一點之後，手上的骰子有偏好的機率就增加成為 3/4。

　　因為出現一點，所以增加了手上的骰子是有偏好骰子的可能性，如果再丟一次骰子，出現一點的可能性也會增加。試著計算看看吧。

$$P（一點 → 一點）= P（一點 → 沒有偏好骰子）P（沒有偏好骰子 → 一點） + P（一點 → 有偏好骰子）P（有偏好骰子 → 一點）$$

$$= \frac{1}{4} \times \frac{1}{6} + \frac{3}{4} \times \frac{1}{2} = \frac{5}{12}$$

　　第一回投擲骰子的時候，出現一點的機率是 $P（一點）=$

1/3 ≒ 0.3，第一次投骰子得到一點之後，再投一次同樣的骰子出現一點的機率就增加成為 P（一點→一點）= 5/12 ≒ 0.4。因為第一回投骰子時出現一點，所以手上骰子有偏好的機率從 1/2 成為 3/4，依據這項資訊，下次出現一點的機率也從 1/3 修正成為 5/12。這就是利用貝氏定理、從經驗中學習的奧妙之處。

6 重大核能事故再次發生的機率

這種機率的計算方法也牽涉到跟日本直接相關的重大問題。

有時在逼不得已的狀況下，我們必須要利用不確定的資訊做決定。例如，在福島的第一核能電廠事故發生之前，都說日本的核電廠發生重大事故的機率非常低。但是，經由這次的事件，我們發現核電廠的運作機制非常複雜，即使是專業人員也無法百分之百了解核電廠的安全性。誰都無法正確說出發生重大事故的機率到底有多少。這跟剛剛提到的，骰子到底有沒有偏好，一點出現的機率到底是 1/2 還是 1/6 非常類似。

我曾經在報紙上讀到一則報導，是一份東京電力公司（簡稱「東電」）在這次事件發生前曾經對政府提出的報告書。其中提到，核電廠中一個反應爐發生爐心損傷而引起重大事故的機率平均為一千萬年一次。這機率是多少呢？從日本開始從事核能發電到現在大概已經有 50 年的歷史，而現在日本大約有 50 座核能電廠，因為其中也有最近才剛開始運轉的反應爐，所以除以反應爐實際運轉年數再乘上反應爐數目，大概可以估計實際運轉的數字為 1500 反應爐 × 年。如果東京電力公司所估算的機率是正確的話，過去 50 年間，日本發生核能

重大事故的機率是 1500/10,000,000 = 0.00015。寫成機率的表示法：

$$P（東電 \rightarrow 事故）= 0.00015$$

另一方面，反對興建核能發電廠的人們主張，無論發生事故的機率有多小，都不能忽略。雖然不知道他們要怎樣估算危險度，先假設他們是擔心在數個世代之內、日本的某個地方可能會發生一次重大事故，因此假設是 100 年一次吧。如果他們是正確的話，那麼過去 50 年間日本發生重大事故的機率就是 50/100，也就是：

$$P（反核電 \rightarrow 事故）= \frac{50}{100} = 0.5$$

如果利用剛剛提到的有偏好的骰子來譬喻的話，「東京電力公司的估算是正確的」就好比「拿的是沒有偏好的骰子」；而「反核電的人的估算是正確的」好比「拿的是有偏好的骰子」。如同有偏好的骰子很容易骰出一點，如果反核電的人的主張是正確的，那麼發生重大事故的機率應該也會增高。

剛剛所提到的計算，是建立在「假設東京電力公司的估算，或是反核電的人們的估算，有其中一方是正確的」這樣的前提之下，這是為了讓各位容易了解所做的假設。當然很有可能兩者的估算都錯。不過，在這邊為了說明貝氏定理的使用方法，我們就假設這兩方之中有一方是正確的吧。

在福島事件發生前，不是大多數的人都認為東京電力公司所說的可信度比較高嗎？至少決定建設核能電廠的政府官員們是這樣認為的吧。假設有 99% 的機率認為東京電力公司的主張是正確的，那麼就可以寫成：

$$P（東電）＝ 0.99，P（反核電）＝ 0.01$$

利用目前的這些線索，計算 50 年間核電廠會發生重大事故的機率，就會變成下面的式子。

$$P（事故）＝ P（東電）× P（東電→事故）＋ P（反核電）× P（反核電→事故）＝ 0.99×0.00015 ＋ 0.01×0.5 ≒ 0.0051$$

也就是說，即使反核能的人們認為 100 年之內會發生一次事故，這個機率非常高所以非常危險，但是因為他們被認為是正確的機率只有僅僅 1％，所以日本國內 50 年內會發生重大事故的可能性約為 0.005 次，也就是約為一萬年一次。

然而，從日本開始採用核能發電以來，這 50 年內就發生過爐心溶解（melt down）事件。事件一旦發生了，就不得不更改一直以來相信的事──東京電力公司的主張有 99％ 機率是正確的。利用貝氏定理的話：

$$P（事故）P（事故→東電）＝ P（東電）P（東電→事故）$$

就會變成：

$$P（事故→東電）＝ \frac{P（東電）P（東電→事故）}{P（事故）} ＝ \frac{0.99×0.00015}{0.005} ≒ 0.03$$

事故真的發生之後，東京電力公司的信賴度就從 99％ 銳減為 3％。這是因為東京電力公司原本主張的事故發生機率為 0.00015，而這是一個非常非常小的數值。明明主張事故幾乎不會發生，但是卻發生了，東京電力公司的正確性當然會大打折扣了。「失去信賴度」

這件事，利用數學的語言、使用貝氏定理說明之後就是這樣一回事呢。

那麼在發生過一次重大事件之後，下一次又發生重大事件的機率是多少呢？假設運轉率跟事故發生之前相同，就變成

$$P（事故→事故）＝P（事故→東電）×P（東電→事故）$$
$$＋P（事故→反核電）×P（反核電→事故）$$
$$＝0.03×0.00015＋0.97×0.5≒0.5$$

跟反核電的人們說的一樣，事故發生的機率是 50 年發生 0.5 次，也就是一百年大約發生 1 次。

在這邊為了說明貝氏定理，所以利用了簡單的假設「東京電力公司跟反核電的陣營，有其中一方是對的」而計算出答案。當然也有可能東京電力公司跟反核電雙方都算錯也說不定。另外，P（反核電→事故）＝ 0.5 以及 P（反核電）＝ 0.01 是我自己設定的數值，因此這個計算結果不能當做真正的數據。

在事件發生之後大約半年，也就是 2011 年 10 月 17 日，東京電力公司發表了一項修正報告，認為福島第一核電廠的反應爐再次發生損傷的機率是 5000 年一次。日本全國大約有 50 座核能發電廠，如果全部的核電廠都再運轉的話，日本發生重大事故的機率就會變成數百年一次。

得到新資訊之後，利用新的資訊修正機率的數值，就能減少不確定性，這也就是「從經驗中學習」。核電廠繼續運轉有其風險，然而，對於日本而言，大部分的石化燃料都必須依賴進口，所以全面停止核電廠運轉也有風險性。此外，也不能不考慮地球正面臨的劇烈氣候變

遷的影響。將這些各式各樣風險的機率互相比較判斷，也就是說，必須先能正確理解機率的意義，才能判斷經過計算之後的風險是多少。

　　進步就是一種經驗的累積，頭腦中所擁有的知識會愈來愈正確。當獲得新的資訊之後，要擁有能夠利用新資訊改變固定成見的勇氣以及相對應的柔軟態度。我認為貝氏定理就是要教導我們這些事情。

７O・J・辛普森有罪嗎？

　　說了這麼多之後，讓我們回到最初辛普森案的判決吧。辯護團的德肖威特教授主張，有家暴行為的丈夫殺害妻子的機率只有1/2500，因為這個機率實在太小了，所以辛普森的家暴不能成為殺人事件的證據。也就是：

$$P（家暴→殺害丈夫）= \frac{1}{2500}$$

　　然而，辛普森案判決的癥結點應該是「已經發生家庭暴力的事實，而且妻子被殺害時，是丈夫殺害妻子的機率是多少」。

　　在美國的已婚女性當中，平均20000人之中才有1人會遭受丈夫以外的人殺害。也就是說，如果有100000名遭受家庭暴力的女性，其中有5人會被丈夫以外的人因為與家庭暴力無關的原因殺害。而另一方面，受到家暴的女性被丈夫殺害的機率為1/2500，所以100000個受到家暴的女性中有40位女性會被丈夫殺害。全部被殺害的女性一共有45人，而其中被丈夫殺害的女性就占了40人。當遭受家暴的女性死亡時，丈夫是犯人的機率為：

$$P（家暴且為他殺 \rightarrow 丈夫殺害）= \frac{40}{45} \fallingdotseq 0.9$$

也就是說，如果辛普森的家暴能夠成為證據的話，那麼他殺害妻子布朗的機率高達 90％。雖然還無法達到「不足以產生合理懷疑」的程度，但是已經十分足夠作為證據了。將德肖威特教授的主張，從一開始的機率太低逆轉成具有 90％ 的可能性，這就是數學的力量。

然而，最終成為判決關鍵的是被認為案發當時使用的黑色皮質手套。在辛普森自家發現的手套碎片上沾有被殺害的兩人的血液以及布朗的金髮，並且也檢驗出辛普森的 DNA，一切看似證據確鑿了。然而，提出手套作為證據的檢方卻犯了一個致命性的錯誤。他們促使辛普森戴上手套以證明手套是他本人的，然而辛普森的大手卻塞不進手套。雖然檢方認為皮手套是因為沾了血液所以收縮變小，但是辯護方提出證據指出，發現手套的警察是種族主義者。因此辯護團認為，這位警察可能為了陷害身為黑人的辛普森而捏造這個證據。而且還揭露警察對於證據管理的重大瑕疵，因此具有「合理的懷疑」的陪審團們，全員一致做出無罪的判決。雖然數學能派上用場，但是僅僅靠著數學卻不一定能在判決中獲勝。

好想讓零用錢
變多呀～

等妳成年
能進賭場時
再說吧。

第二話
回歸基本原理

序 為了創新所需要的能力

我們從小學習「數學」，而數學與「數」有著相當深厚的關係。然而仔細想想，「數」實在是一種很不可思議的事物。假設桌上有一盤蘋果，我們可以用 1、2、3 來計算蘋果數目。而如果擺著橘子，也同樣可以用 1、2、3 來計數。一個蘋果與一個橘子，明明是不同的東西，但是卻同樣可以用「1」來表示。也就是說，數學是從具體的蘋果、橘子這樣的事物抽離，思考的是「數的本身」——這種沒有實體的、抽象的性質。

關於踏入抽象的世界、先回歸到基本原理再進行思考的意義，伊隆·馬斯克（Elon Musk）在最近的《美國物理學會會刊》中，發表了下列談話。馬斯克是一位企業家，他成立了提供線上付費服務的

PayPal 而累積了大量財富，並且創立了 SpaceX，利用火箭替國際宇宙太空站運輸。此外，他也是開發以及製造販售電動車的特斯拉汽車（Tesla Motors）公司的執行長。

記者：在最近的一場訪問中，您給了追求創新的年輕人一項建議。您說，不是去模仿別人，最重要的是要回歸到基本原理。關於這一點，能不能請您再多談一點呢？

馬斯克：在我們的日常生活中，不可能每一項事物都先回歸到基本原理再思考，如果真的那樣做的話，光是精神上的負荷就會令人受不了了。因此，我們的人生幾乎是靠著以此類推或是模仿別人而生活著。但是，如果想要開拓一個新的領域，達到真正所謂的創新，就必須是從基本原理發想的計畫。不管是哪個領域，先找出那個領域中最基本的真理，然後從頭開始思考。雖然需要耗費許多精神以及努力才能到達目的，但這給予了我的火箭事業很大的助益。

現在，在數學的世界裡一邊探險，一邊思考什麼是「回歸基本原理」吧。

1 加法、乘法的三項規則

據說，數學這項學問誕生於古希臘。雖然古代中國、古巴比倫、古埃及等古文明都對數字或是圖形的性質有所研究，但是希臘人是最早深入思考數字跟圖形並且歸納成數學這項學問的。

大約是西元前 300 年，歐幾里德（Euclid）編寫了《幾何原本》（*Elements*），這本書從「兩點可以連成一條直線」、「所有的直角互為相等」等五個公理開始，逐步推導並且解開圖形的特性。被稱為公理的這些規則乍看之下理所當然，但是，歐幾里德卻經過仔細的確認之後，將那些理所當然的事情化為「公理」，並且以公理作為基本原理建構起幾何學——這就是歐幾里德偉大之處，這也是數學作為學問發展的起源。

從不管是誰都能夠認可的公理出發，隨著思考脈絡、推導演繹出圖形令人驚異的特性。拜這種嚴謹的推論方法之賜，即使過了 2300 年到了現代，歐幾里德證明的許多定理正確性也從未改變，並不會隨著時間的經過而減少。如果一億光年之外的星球上演化出具有知識的生物，只要他們跟歐幾里德使用一樣的公理，也能推論出同樣的幾何學，證明出相同的定理。

或許妳會覺得將理所當然的事情一項一項記錄成為公理，然後只使用那些公理進行議論很麻煩。然而，就是因為經過這樣嚴謹的過程，數學的定理得到了永生。忍耐這些繁雜的手續而得到能夠普遍應用的真理，馬斯克所說的「從基本原理思考」應該就是這樣的事情吧。

我們也仿照歐幾里德研究幾何學的方法，從基本的原理開始思考數的性質吧。

像是 1、2、3 這樣可以用來計算蘋果或是橘子的數字，我們稱為「自然數」。自然數之間可以進行加法以及乘法。例如妳如果被問說一週有幾個小時的話，應該就會計算 7×24 吧。那麼試著不要用計算機，改用紙筆來算算看。筆算時會將數字分解成為個位數、十位數、百位數等等的位數，每一個位數分開計算之後再合併成為最後的

解答。

$$
\begin{array}{r}
7 \\
\times \quad 2\ 4 \\
\hline
2\ 8 \\
+\ 1\ 4\ 0 \\
\hline
1\ 6\ 8
\end{array}
$$

為了方便說明，在這邊將通常會省略的「＋」號或是「0」也都寫出來。

在看似簡單的筆算過程中，其實隱藏著數的基本原理。首先，將 24 分解成為 $24 = 4 + 20$，接著，分別計算 7×4 以及 7×20。

$$7 \times (4 + 20) = 7 \times 4 + 7 \times 20$$

各位可能會覺得，這不是理所當然的事情嗎？但是這個法則有一個很厲害的名字，稱為「分配律」。利用 a、b、c 來取代具體數字的話，這個法則就會變成一條規則。

$$分配律：a \times (b + c) = a \times b + a \times c$$

回到筆算的步驟，在 7×24 的下方畫一條橫線，在橫線的下方寫下 7×4 以及 7×20 的計算結果。7×4 當然是 28。而 7×20 的計算方法就要好好想一想了。首先，因為 $20 = 2 \times 10$，所以先計算 $7 \times 2 = 14$，接著再乘上 10 就變成 140。寫成算式就變成：

$$7 \times (2 \times 10) = (7 \times 2) \times 10 = 14 \times 10 = 140$$

這個算式的第一個等號利用了「結合律」，也就是：

$$結合律：a \times (b \times c) = (a \times b) \times c$$

加法的計算，也同樣可以利用結合律：

$$結合律：(a + b) + c = a + (b + c)$$

此外，還有「交換律」：

$$交換律：a + b = b + a, a \times b = b \times a$$

在教算術的時候，經常看到這樣的題目。「蘋果一顆 100 元，買 5 顆蘋果總共要多少元？」如果回答「$5 \times 100 = 500$，所以要 500 元」時，有少部分的學校會認為算式的順序並不是「一顆蘋果的價錢」×「蘋果個數」，所以這樣的回答不能算是正確答案。但是，因為乘法有交換律，所以即使改變算式的先後順序，計算之後得到結果仍然一樣。

目前提到的「結合律」、「交換律」以及「分配律」這三項規則，以及另一個「1」的性質，就是數的基本原理。

$$「1」的性質：1 \times a = a \times 1 = a$$

這些基本原理都是平常在計算時，下意識就會使用到的規則。有意識地去整理這些規則，並且一個個確認之後再給予名稱，這就是數學的作法。接著，就從這三項規則以及「1」的性質開始，在數的世界中探險吧。

2　有了減法，然後發現了「零」

文明剛開始發展的時候，或許只要靠著加法及乘法就足夠了，然而，貨幣發明之後，就開始有了借貸行為，於是就需要減法了。減法就是「加法的逆運算」。從自然數 a 減去自然數 b，減法的定義是

$$(a-b)+b=a$$

意思就是，可以抵銷加上 b 的效果，換句話說，$(a-b)$ 就是「什麼東西加了 b 之後，會變成 a 呢？」這個問題的解答。也可以說是 $x+b=a$ 的 x 解。

小學在學習算術的時候，似乎有很多小朋友會覺得減法比加法難很多、很不容易理解，原因可能是因為減法在某些情況下很難利用直覺來想像吧。好比說盤子上有三顆蘋果，如果再加上五個，那麼可以算成 $3+5=8$ 個蘋果，但是如果拿走了五個就無法變成（$3-5$）個蘋果。減法已經超出自然數的範圍了。

當發生這樣的問題時，在數學上有兩種解決的方法。一種是，只允許在自然數的範圍內計算有意義的減法，如此一來，減法就會受到規範，只能夠用大的數減掉小的數了。

雖然也可以這樣將就著使用，但是減法的計算就會受到局限，使用上不免綁手綁腳的。如果減法已經超出自然數的範圍，那麼另一個方法就是——擴張數的範圍。有兩個自然數 a 與 b，當 $a>b$ 時，（$a-b$）是自然數；但是當 $a \leq b$ 的時候，（$a-b$）就不是自然數了。既然不是自然數的話，那麼發明一個新的數，使得減法可以自由地計算不就好了嗎？「零」跟「負數」就是因此被發明的。

首先，來看看 $a = b$ 的情況吧。假設 $a = b = 1$ 的時候，（1 − 1）並不是自然數。那麼自然數應該怎樣擴張才能包含（1 − 1）呢？

當然各位可能會覺得「（1 − 1）等於零」不是常識嗎？怎麼現在才來思考「（1 − 1）是什麼」這個問題。現在希望各位假裝不知道有零這件事，來體驗一下當初發現零的過程。

既然考慮要創立一個新的數，那麼就必須要決定這個新的數的運算規則。在這種情況下，數學法則經常會將現有的規則套用到新的領域。也就是說，擴張系統的原則就是──擴張之後得到的新的數，不能改變原有的基本法則。

從加法的結合律，可以擴張衍生到包含減法的結合律。

$$a + (b - c) = (a + b) - c$$

這個規則是由加法以及乘法的結合律配合減法的定義而推導出的。這個方程式在 $b = c = 1$ 時。就會變成：

$$a + (1 - 1) = (a + 1) - 1$$

方程式右邊的 $(a + 1) - 1$ 是從 $(a + 1)$ 減去比它本身還小的 1，所以利用自然數之間的減法計算，答案是 a。也就是：

$$a + (1 - 1) = a$$

於是，（1 − 1）這個我們（假裝）不知道的數，就具有了一項特性，那就是「不論被加到任何數，都不會改變那個數本身的數值」。

從 1 減去 1 是（1 − 1），那麼（2 − 2）的情況又是如何呢？不管是誰都知道這兩個是同一個數吧。如果從基本原理來推導的話，

將剛剛算式裡的 a 用 2 來計算，2＋（1－1）＝2 兩邊同時減去 2，就成為（1－1）＝2－2。同樣的，（3－3）與（100－100）經過同樣的計算就會變成 1－1＝3－3＝100－100。於是將這些數字用一個記號「0」代替，就會變成：

$$0 = 1 - 1 = 2 - 2 = 3 - 3 = 100 - 100$$

「零」終於登場了。將 0 帶入剛剛的算式 a＋（1－1）＝a，就會變成：

$$a + 0 = 0 + a = a$$

零不管加到任何數，數都是原本的值，不會改變。

下一節會使用到零的乘法運算，我在這邊也先提出來。零乘上任何數，結果都是零。這個性質是從減法以及乘法的分配律推導而來的。

$$a \times (b - c) = a \times b - a \times c$$

這個分配律也是從加法分配律以及減法的定義推導出來的。當 b ＝ c 的時候，不管 a 是任何數，方程式會變成：

$$a \times 0 = a \times (b - b) = a \times b - a \times b = 0$$

這裡就顯示了 $a \times 0 = 0$。

像這樣的計算規則，即使隨著自然數的擴張依然適用，就可以推導出零的基本性質：

$$a + 0 = 0 + a = a, a \times 0 = 0 \times a = 0$$

於是，「零」加入了數的世界。

在文明剛起源的時候就已經知道利用自然數來計算的方法，但是卻在大約 1400 年前，大約是日本大化革新的時候才發明了「零」。數字本來是為了要計算像是蘋果橘子等等，這種可以具體計數的東西數目而創造的，要計算「什麼都沒有」的狀態下的數目，思考就需要大躍進了，即使是古希臘人，也無法聯想到這一點呢。

在古巴比倫文明以及中南美洲的馬雅文明中，有相當於「零」的符號，但是那是為了表示數字的位數而使用的記號，似乎沒有將「零」作為一個獨立的數字來思考的證據。西元 628 年，印度的天文學家及數學家婆羅摩笈多（Brahmagupta）在所編寫的《婆羅摩歷算書》（*Brāhmasphutasigghānta*，宇宙的始末）中，才首先提到零的性質。

在印度發現的「零」的思想，隨著香料等等的貿易傳入了伊斯蘭的世界。9 世紀時，在伊斯蘭文明黃金時期的巴格達（Baghdad）的圖書館「智慧之家」擔任館長的天文學家及數學家花拉子米（al-Khwārizmī）大大拓展了「零」在數學領域的使用。

到了 8 世紀前期，歐洲西端的伊比利半島（Ibérica，西班牙語）被跨越直布羅陀海峽（Gibraltar）的伊斯蘭勢力占領。在後伍葉王朝（Umayyad Caliphate）時期，首都哥多華（Córdoba）成為能與巴格達匹敵的繁榮大城市，哥多華有著當時世界最大的圖書館。在那之後，基督教興起了收回伊比利半島的「收復失地運動」（Reconquista，西班牙語），於是，匯聚在哥多華的伊斯蘭知識就流傳到中世紀的歐洲，記載阿拉伯數學（Arabic mathematics）的書

籍也被翻譯成拉丁文，花拉子米解說如何使用印度式的「零」來記載位數的著作也被翻譯成拉丁文的《印度數字算術》（ *Algoritmi de numero Indorum* ）出版。書名中的 Algoritmi 就是「花拉子米」的拉丁文音譯。因此，使用印度式記數法的人就稱為 Algolist，這也是表示計算順序的「演算法」的英文 Algorithm 的由來。

3 為什麼負負得正

似乎有許多人不喜歡負數。負數的「負」字，有負面的意思，似乎讓人聯想到了失敗。「負數」的英文是 negative number，negative 也帶有否定的意味。

日常生活中，人們總是不自覺地避開「負」的字眼，用別的方式替代。例如：表示氣溫時，不會使用負五度，而是改用零下五度取代；在我的研究室裡，秘書每到月底帶著財務報表來時，如果上面的數字是紅色的，就代表那個月的收支是負的；建築物在標示樓層時，也會用地下二樓取代負二樓。人們似乎就是不想使用「負」這樣的字眼。

而在歷史上，負數開始被堂堂正正地使用也是在零之後的事。即使到了 17 世紀，歐洲的科學家們仍然猶豫著要不要使用負數。例如，在數學、科學、哲學上都有著重大影響力的布萊茲‧帕斯卡（Blaise Pascal）一直認為「從零減去四的話，依然是零！」。他認為，本來就沒有的東西，當然也就沒有辦法再減掉什麼了。另外，近代理性主義的始祖，同時也是數學家及哲學家的笛卡兒（René Descartes）也認為「比『無』還小的數是不可能存在的」，而拒絕接受方程式出現負數的解答。據說，直到 17 世紀的哥特佛萊德‧萊布尼茲（Gottfried

Wilhelm Leibniz），才開始積極地使用負數。

在上一節的內容中提到，為了讓（1－1）有意義，而引進了新的數「零」。同樣地，為了讓 （1－2）有意義，而定義的新數字，就是負數 （－1）。利用加法的結合律，可以證明這個負數 （－1）具有 1＋（－1）＝0 的性質。

$$1 + (-1) = 1 + (1 - 2) = (1 + 1) - 2 = 2 - 2 = 0$$

同樣地，2＋（－2）＝0、100＋（－100）＝0 也能成立。對於任何自然數 a 的負數（－a） 而言，a＋（－a）＝0 都能成立，這也是負數最基本的性質。利用這項特性，來解開負數的謎題吧。

負數的性質中，最不可思議的應該就是「負負得正」吧。長大成人之後，依然無法接受負負得正的人似乎很多。之前，與一位從東京大學工學院畢業，在一流企業擔任技術部門高層的朋友吃飯。途中，他突然這樣問我：「到底為什麼負一乘上負一會變成正一啊？」。「負負得正」或許可以說是國中數學裡最大的謎團之一。首先，來思考為什麼正數乘上負數之後會變成負數吧。假設，你每天可以得到 100 元的零用錢，而且不會花掉而是存起來。那麼，一天 100 元，兩天 200 元，存款一直增加，經過了 n 天之後，應該就有 100×n 元的存款。那麼，將這個 100×n 的 n 變成負數的話，結果會怎樣呢？n＝－1 就是指少了一天，也就是指昨天的意思。昨天比今天的存款少了 100 元，也就是 100×（－1）＝－100。而前天，也就是 n＝－2 的情形下，由於少了 200 元，也就是 100×（－2）＝－200。從這個舉例可以了解為什麼正數 100 乘上負數 （－2）之後，會變成負數 （－200）了。

如果從基本原理著手，該如何解釋呢？可以利用減法以及乘法的分配律。如果大家還記得負數（－1）其實是－1＝（1－2）的話

$$100\times(-1)=100\times(1-2)=100\times1-100\times2=100-200=-100$$

　　這個算式可以推導出 $100\times(-1)=-100$ 的結果。正數乘上負數之後變成負數，是分配律造成的。

　　接著，回到懸案本身，負數如何跟負數相乘呢？假設你在沒有零用錢的情況下，每天放學回家時，都會花 100 元買果汁，存款就會每天減少 100 元。一天減少 100 元，兩天就減少 200 元，經過了 n 天，就減少了 $100\times n$ 元，這可以表示為 $(-100)\times n$。每天都花 100 元買果汁，所以存款就一百、一百地一直減少，所以，昨天的存款就會比今天多 100 元。也就是指，$(-100)\times(-1)=100$。而前天，也就是 $n=-2$ 時，會比今天多 200 元，也就是 $(-100)\times(-2)=200$。如此一來，就可以想像為什麼負數乘上負數會變成正數了。

　　負負得正的法則也可以經由分配律來推導。首先，請回想剛剛推導出的負數基本性質 $(100)+(-100)=0$。若將兩邊同時乘上（－1），因為方程式右邊的零乘上任何數都是零，所以變成：

$$\bigl(100+(-100)\bigr)\times(-1)=0$$

將左邊利用分配律分解，則會變成：

$$100\times(-1)+(-100)\times(-1)=0$$

　　左邊的第一項，利用剛剛證明的 $100\times(-1)=-100$ 來代換，算式就變成：

$$-100 + (-100) \times (-1) = 0$$

最後，兩邊同時加上 100，就變成

$$(-100) \times (-1) = 100$$

證明了負數（－100）乘上負數（－1），變成了正數 100。這是利用加法以及乘法的基本規則推導出來的。

圖 2-1 是這次為了想和各位聊聊「數的世界」而畫的地圖。從自然數開始，為了可以自由使用減法，所以在數的世界增加了零以及負數。為了可以自由計算除法，而有了分數，這將是下一節的內容。而在這之後，無理數的世界正等待著我們。那麼，讓我們繼續在數的世界裡遨遊探險吧。

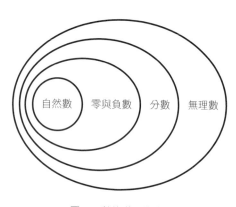

圖 2-1 數的世界的地圖

4 只要有分數，什麼都能分割

小學六年級教到分數的除法的時候，「分數的除法，就是乘上倒數（倒數就是將分數的分子與分母位置上下互換的數）」。現在，來想想看為什麼這樣是正確的吧。

在進入分數之前，先複習一下除法的基本規則。就像前面提到減

法是加法的逆運算，除法就是乘法的逆運算。

$$(a - b) + b = a, (a \div b) \times b = a$$

也就是，「什麼數乘上 b 之後會變成 a 呢？」這個問題的解答，寫成 $(a \div b)$。也可以說是 $x \times b = a$ 的 x 解。

出現負數的理由是因為，如果只有自然數的話，就無法自由使用減法。同樣地，會出現分數的理由也是因為只有自然數的話，無法自由地使用除法。好比說有三顆蘋果，在不切開蘋果的狀態下，無法平均分給五個人吧。原因就在於 $3 \div 5$ 並不是自然數。

剛剛提到說，人們花了很長一段時間才能接受小的數減掉大的數所產生的「負數」。即使到了 17 世紀，數學家之間仍然對負數的存在有很多爭議。

但相對於負數，分數從古代就開始使用了。應該是因為在分配糧食或是分割土地時，可以用眼睛看見分數，因此比較能接受吧。在埃及的拉美西斯二世（Ramesses II）的墓中發現，西元前 1650 年的《萊因德紙草書》（Rhind Papyrus）中就記載了關於分數計算的問題以及解答。紙草書的開頭寫了下列一段文字：

　　能夠掌握事物的含義、使曖昧不清之處或是祕密明朗化

　的是──正確的計算方法。

這段文字傳達了一項訊息──從那個時候的埃及開始，數學就具有「用來使事物清晰明白的工具」的意義了。

如同負數是為了可以自由運用自然數的減法 $(a - b)$ 而出現一般，

分數是為了可以自由運用自然數的除法 $(a \div b)$ 而出現的。將 $(a \div b)$ 寫成：

$$\frac{a}{b} = a \div b$$

分數的乘法，是分子與分子相乘，分母與分母相乘。寫成算式就是：

$$\frac{a}{b} \times \frac{c}{d} = \frac{a \times c}{b \times d}$$

使用這個算式，就可以證明「分數的除法，就是乘上倒數（分子與分母的位置互換）」這項規則了。

$$\frac{a}{b} \div \frac{c}{d} = \frac{a \times d}{b \times c}$$

為了確認算式的正確性，算式兩邊同時乘上 c/d。算式左邊乘上 c/d 之後，$\div (c/d)$ 與 $\times (c/d)$ 相互抵銷，剩下 a/b。另一方面，右邊乘上 c/d 之後，依照乘法規則，分子與分母都有 $d \times c = c \times d$，約分之後，就成為 a/b。

$$\frac{a \times d}{b \times c} \times \frac{c}{d} = \frac{(a \times d) \times c}{(b \times c) \times d} = \frac{a \times (d \times c)}{b \times (c \times d)}$$

因為算式左右兩邊同時乘上 c/d 之後得到同樣的結果，因此可以確定分數除法的基本規則。

5　假分數→帶分數→連分數！

古埃及人認為分數只有分子為 1 的「單位分數」。或許各位會覺

得這樣在使用上會造成困擾，但是不管任何分數都可以表示為分子是
1 的單位分數的和，所以其實並不會造成困擾。例如，在《萊因德紙
草書》之中就記載了下面的算式。

$$2 \div 59 = \frac{1}{36} + \frac{1}{236} + \frac{1}{531}$$

　　像這樣將分數表示為不同分母的單位分數的和的方法，稱為「古
埃及分數」。

　　還有另一種同樣只使用單位分數來表示分數的方法，那就是「連
分數」。例如，27/7 的分子大於分母，所以可以表示為：

$$\frac{27}{7} = 3 + \cfrac{1}{1 + \cfrac{1}{6}}$$

　　右邊第二項是 1/（1 + 1/6）= 6/7，因此右邊是 3 + 6/7，結果
與左邊一致。像這樣，將分母再進一步變成分數，使得分母成為連續
的單位分數的表示方法，稱為「連分數」表示法。

　　連分數是如何被發現的呢？小學四年級的時候，應該學過如果分
數是假分數的話，要將假分數轉換成帶分數。假分數就是分子比分母
大的數，也就是數值大於 1 的分數。例如剛剛提到的 27/7 是假分數，
轉換成帶分數就變成：

$$\frac{27}{7} = 3\frac{6}{7}$$

　　因為右邊是 3 跟 6/7 的和，所以寫成：

$$\frac{27}{7} = 3 + \frac{6}{7}$$

6/7 是分子比分母小的「真分數」。換句話說，將假分數轉換成帶分數就是將分數表示成「整數」及「真分數」的和。

右邊 6/7 的分子並不是 1，因此不是單位分數。要如何將 6/7 轉換成單位分數呢？答案是：將分子與分母互換就好了。利用剛剛說明過的「分數的除法，就是乘上倒數」，代入 6/7 就得到

$$\frac{6}{7} = 1 \div \frac{7}{6} = \frac{1}{\frac{7}{6}}$$

於是，分子就成為 1 了。因為分母的 7/6 是假分數，所以繼續轉換成帶分數就成為 7/6 = 1 + 1/6，剛剛的算式就會變成

$$\frac{27}{7} = 3 + \frac{6}{7} = 3 + \frac{1}{\frac{7}{6}} = 3 + \frac{1}{1+\frac{1}{6}}$$

在算式裡出現的所有分數，其分子都一致變成 1，成功將 27/7 表示成連分數的形式了。

如果使用連分數的話，很容易找到兩個數之間的「最大公因數」。但在這邊先來說說連分數的另一個應用吧。

6 利用連分數來製作曆法

根據日本國立天文台每年出版的《理科年表》的記載，一年是 365.24219 天，到達小數點第五位。這也顯示了製作曆法最困難之處——一年的時間長度無法剛好被一天的時間長度整除。如果地球繞太陽一周是剛剛好 365 天的話，那就可以簡單地判定「一年是 365 天」了。然而實際上，就如同沖方丁改編成電影的小說《天地明察》中的劇情一般，主角澀川春海為了製作出正確的曆法而吃盡苦頭。

為了製作曆法，將一年的天數利用分數來表示會比較方便。首先，將 365.24219 的小數位數捨去的話，一年幾乎就是 365 天。不過，如果使用這種曆法的話，春分的日子每四年就會產生一天的誤差。為了改善這一點，將 365.24219 表示成近似的分數。

$$365.24219 = 365 + 0.24219 \fallingdotseq 365 + \frac{1}{4.12899} \fallingdotseq 365 + \frac{1}{4}$$

利用這種近似法的曆法，一年約為 365 又 1/4 天，所以每四年會有一次閏年，閏年的 2 月會多一天，有 29 天。這是古羅馬時代的儒略·凱撒（Julius Caesar）在西元前 45 年所制訂的曆法，又稱為儒略曆（Julian calendar）。

為了讓曆法的精密度更加提高，將分母的小數進一步轉換成分數，於是 4.12899 = 4 + 0.12899、小數的 0.12899 保留，因此 0.12899 ≒ 1/7.7525、近似於 1/8，因此可以得到下列算式。

$$365.24219 \fallingdotseq 365 + \frac{1}{4.12899} \fallingdotseq 365 + \frac{1}{4 + \frac{1}{8}} = 365 + \frac{8}{33}$$

波斯的數學家奧馬海亞姆（Omar Khayyam）在 1079 年製作了 Jalali 曆，在這個曆法中，33 年之內有 8 次的閏年。正準確地對應到了剛剛所計算出的連分數。這個曆法一年的誤差僅僅 0.00023 天。

另一方面，歐洲從古羅馬時代開始到中世紀時代，長久以來都使用儒略曆，儒略曆一年的誤差是 0.00781 天，因此到了 16 世紀結束時，因為長久累積而造成的誤差多達 13 天。於是，羅馬教皇格列高利十三世（Pope Gregorius XIII）在 1582 年制訂了格里曆（Gregorian calendar）。格里曆調整了閏年的頻率，將能被 4 整除的年分訂為閏年，但是，能被 100 整除而不能被 400 整除的年分則不視為閏年。也就是說，每 400 年之間，有 3 年的閏年不視為閏年。於是，格里曆的一年是 $365 + \frac{1}{4} - \frac{3}{400} = 365.24250$ 天。一年有 0.00031 天的誤差。

Jalali 曆及格里曆相比較，Jalali 曆的誤差比較小。但是因為格里曆的閏年計算方式比較簡單，所以目前廣泛使用格里曆。一年的誤差是 0.00031 天的話，即使經過 3000 年只會造成 1 天的誤差，因此在應用上不會造成困擾。現在我們所使用的西曆，就是格里曆。

順帶一提，以伊朗為中心、伊斯蘭各國所使用的伊朗曆，在 128 年中有 31 個閏年。

$$365.24219 \fallingdotseq 365 + \cfrac{1}{4 + \cfrac{1}{7 + \cfrac{1}{1 + \frac{1}{3}}}} = 365\frac{31}{128}$$

這是使用了四層的連分數估算出一年約 $365\frac{31}{128}$ 天。這與《理科年表》所記載的一年時間長度幾乎一致。其實，地球的公轉週期並不是固定的，會受到其他行星的重力影響而變化，因此如果只讓閏年固定週期性地出現，是無法制定出更準確的曆法的。

7 其實不想承認的無理數

　　西元前 4 世紀左右，柏拉圖（Plato）所著的對話集《美諾篇》（*Meno*）中有這樣一段文章。從帖撒利來訪的美諾（Meno）對蘇格拉底提出一個問題：「自己根本不知道的事物，為什麼能探究呢？」於是，蘇格拉底就做了一個實驗。

　　蘇格拉底請美諾呼喚一位隨從過來，並且畫了一個正方形。然後請隨從畫出一個面積是這個正方形兩倍的正方形。少年說，只要把正方形邊長變成兩倍就好了呀。蘇格拉底提醒少年，這樣面積就變成四倍了。於是，少年發現了自己其實不知道的事實。

　　接著，蘇格拉底在砂上畫了跟圖 2-2 中央一樣的兩個正方形，並且為每個正方形都畫上對角線，成為兩個等腰直角三角形。少年看到之後，就試著把這四個三角形依照著蘇格拉底的提問，重新排列組合之後，成為圖 2-2 右邊那樣的正方形。因為新的正方形是由兩個原本的正方形重新排列組合形成的，所以新正方形的面積是原來正方形的兩倍。於是，謎題就這樣解開了。在這個實驗之後，蘇格拉底對美諾說了一段話。

58

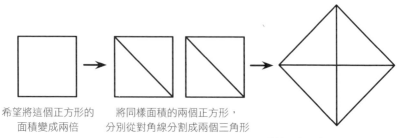

希望將這個正方形的　　將同樣面積的兩個正方形，
面積變成兩倍　　　　　分別從對角線分割成兩個三角形

將這四個三角形重新排列組合成
面積兩倍的正方形

圖 2-2

　　與其認為我們無法發現我們原本不知道的事物、而且也
不應該去追求我們不了解的新事物，我們更應該想著，生而
為人應該努力去探究自己不知道的新知，這樣才能更高尚、
更加勇敢、更加不敢懈怠。

（《美諾─關於美德》柏拉圖著，渡邊邦夫譯。光文社古典新譯文庫。）

　　如同僕役在蘇格拉底的引導之下所發現的一般，面積為兩倍的新
正方形的邊長與原本的正方形的對角線相等。因此，假設原本的正方
形邊長為 1，那麼對角線就是 2 的平方根，也就是 $\sqrt{2}$。發現這個數
字無法表示成分數形式一事，為古希臘的數學帶來非常大的轉機。

　　古希臘人認為所有的數都能夠轉換成分數的形式。例如兩條線段
的長度比，就能夠表示成分數的形式。任何線段的整數倍或是分數倍
都可以經由尺跟圓規的作圖（又稱尺規作圖）而得到。

　　例如，給定一個線段，做出兩倍長的線段。這個很簡單吧。利用
尺將線段沿一直線延伸、之後再利用圓規將原來的線段長當作半徑，
畫出一個圓，之後就可以在直線上得到原來線段兩倍長的新線段了

（圖 2-3）。

　　那麼，要如何畫出線段的 1/3
呢？首先，先畫出另一條與原本
線段平行的直線。各位知道要怎
樣畫出平行線嗎？其中一個方法
是，利用圓規畫出原來線段的垂
線，之後再畫一條垂直於垂線的
直線，那麼新的直線就跟原本的
線段平行了。

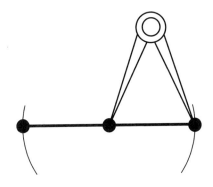

圖 2-3 讓線段成為兩倍

　　接著，將新的線段利用圓規變成三倍（圖 2-4 左）。然後如同圖
2-4 右邊那樣，利用直線將新的線段與原本的線段相連，於是就可以
將原本線段分成 1/3 了。利用這個方法，可以將線段分割成任何的分
數倍。

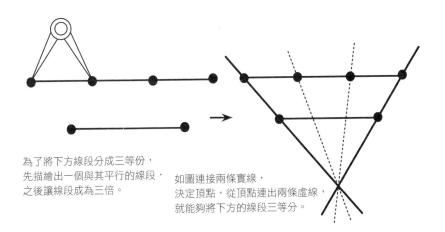

為了將下方線段分成三等份，
先描繪出一個與其平行的線段，
之後讓線段成為三倍。

如圖連接兩條實線，
決定頂點，從頂點連出兩條虛線，
就能夠將下方的線段三等分。

圖 2-4

古希臘人在自然界的各種現象中，特別偏愛分數。西元前 6 世紀的學者畢達哥拉斯（Pythagoras）發現當兩個音的頻率比是簡單整數比的時候，會形成美妙的和音。因此他認為分數展現了自然界的美與真實。

　　然而，信奉著「世界因為分數而調和」的畢達哥拉斯以及他的弟子們，卻在追求數學理論的過程中，發現了不是分數的數。畢達哥拉斯相信著所有的數都可以用分數表示。然而遺憾的是，他的弟子希帕索斯（Hippasus）卻證明了正方形的邊長與對角線的比（也就是 $\sqrt{2}$）無法用分數表示。這個發現違背了畢達哥拉斯所傳授的理論，因此希帕索斯被下令溺死了（也有另一個版本的傳說是，希帕索斯在船上發表了他的發現，畢達哥拉斯聽到之後震怒，就把希帕索斯抓起來丟進海中）。

　　可以用分數形式表示的數稱為「有理數」；無法用分數形式表示的數就稱為「無理數」。剛才第三節提到「負數」有著否定的負面印象，「無理數」這稱呼聽起來也是有些辛苦呢。希帕索斯所發現的線段長度並不是有理數，而是無理數。第五話會提到，在直線上無理數的數目比有理數要多太多太多了。有理數以及無理數的總和，也就是可以在線段上找到的數，全部總稱為「實數」。

　　那麼，為什麼 $\sqrt{2}$ 是無理數呢？幾乎所有的教科書都是用反證法來證明。也就是，先假設 $\sqrt{2}$ 可以用分數表示，接著推導出如果 $\sqrt{2}$ 是分數的話，就跟原來的假設互相矛盾，因此證明 $\sqrt{2}$ 是無理數。但既然我們一直在討論連分數，趁這個難得的機會就利用連分數來證明 $\sqrt{2}$ 是無理數吧！

　　當我還是國中生的時候，會利用諧音來記憶 $\sqrt{2} = 1.41421356$

（譯注：中文的諧音背法是 1.41421 ＝意思意思而已）。用連分數來表示就變成：

$$\sqrt{2} = 1.41421356\ldots = 1 + 0.41421356\ldots = 1 + \cfrac{1}{2.41421356\ldots}$$

　　右邊分母的小數數字 2.<u>41421356</u>… 與 $\sqrt{2}$ = 1.<u>41421356</u>… 的小數是相同的，因此，我猜可以將上面的算式轉換成下面的形式。

$$\sqrt{2} = 1 + \cfrac{1}{1 + \sqrt{2}}$$

　　這個猜測是正確的。而 2 的平方根 $\sqrt{2}$ 滿足（$\sqrt{2}$）^{2} ＝ 2，將算式左右兩邊減 1，成為（$\sqrt{2}$）^{2} － 1 ＝ 1。再將左邊利用因式分解，就會變成（$\sqrt{2}$ － 1）（$\sqrt{2}$ + 1）＝ 1，也可以寫 $\sqrt{2}$ － 1 ＝ 1/（$\sqrt{2}$ + 1）。接著，兩邊同時加 1，就會變成上面的算式了。

　　於是，$\sqrt{2}$ ＝ 1 + 1/（1 + $\sqrt{2}$）一直重複下去，就會出現無止盡、沒完沒了的 2。

$$\sqrt{2} = 1 + \cfrac{1}{1 + \sqrt{2}} = 1 + \cfrac{1}{1 + 1 + \cfrac{1}{1 + \sqrt{2}}} = 1 + \cfrac{1}{2 + \cfrac{1}{2 + \cfrac{1}{2 + \cfrac{1}{\ldots}}}}$$

　　如果一個數字可以是分數，表示成連分數形式時分母一定會在某處結束。所以我們可以知道 $\sqrt{2}$ 不是分數，也就是無理數了[*]。

＊也可以用幾何學的方法來證明 $\sqrt{2}$ 是無理數。

至於其他的無理數，也可以用連分數來表示。例如，3 的平方根 $\sqrt{3}$ 用連分數表示就會變成：

$$\sqrt{3} = 1 + \cfrac{1}{1 + \cfrac{1}{1+\sqrt{3}}} = 1 + \cfrac{1}{1 + \cfrac{1}{2 + \cfrac{1}{1 + \cfrac{1}{2 + \cfrac{1}{\cdots}}}}}$$

　　$\sqrt{2}$ 的連分數是分母出現連續的 2，$\sqrt{3}$ 的連分數的分母則是 1 跟 2 交互出現。一般而言，將自然數的平方根用連分數的方法呈現時，分母都會出現週期性的重複。

　　也有些無理數用連分數表示時，分母不會出現週期性重複。例如，將圓周率 π 用連分數表示就是：

$$\pi = 3 + \cfrac{1}{7 + \cfrac{1}{15 + \cfrac{1}{1 + \cfrac{1}{292 + \cfrac{1}{1 + \cfrac{1}{\cdots}}}}}}$$

分母並沒有出現週期性的重複。

　　在這邊，分母的第四段出現了 292 這個很大的數字呢。因為 1/（292 ＋⋯）已經是非常小了，所以將連分數停在第三段，應該可以得到非常接近圓周率的近似值。如果寫成：

$$\pi \fallingdotseq 3 + \cfrac{1}{7 + \cfrac{1}{15 + 1}} = \frac{355}{113}$$

355/113 ＝ 3.1415929… 與 π ＝ 3.1415926… 相比，已經準確到小數點第六位。發現這個圓周率的近似分數的，是西元 5 世紀時在中國南朝時期的宋朝當官的祖沖之。他將圓周率的連分數停在第二段的近似值 22/7 稱為「約率（大約的分數）」、停在第三段的近似值 355/113，稱為「密率（精密的分數）」。

8 二次方程式的華麗歷史

剛剛提到，將 $\sqrt{2}$ 或是 $\sqrt{3}$ 這樣自然數的平方根用連分數表示之後，分母會出現週期性的數字，但是將 π 用連分數表示的話，分母不會出現週期性的循環。那麼，要怎樣判斷一個數字能不能表示成有週期性的連分數呢？

被譽為 18 世紀最偉大數學家的李昂哈德・歐拉（Leonhard Euler）認為能用週期性的連分數表示的數字，必須是以整數 A、B、C 為係數的二次方程式的解。

$$Ax^2 + Bx + C = 0$$

相反的，證明出這樣的二次方程式的解為週期性連分數的人，是接續著歐拉對 18 世紀的數學發展有重大貢獻的約瑟夫・路易斯・拉格朗日（Joseph-Louis Lagrange）。

從古巴比倫時期開始，就很注重二次方程式的解法。因為那是為了測量土地所必需的。在耶魯大學裡收藏的古巴比倫的粘土板上，就用楔形文字寫了一段文字：「長跟寬的總和為 $6\frac{1}{2}$、面積為 $7\frac{1}{2}$ 的長

方形，其長與寬分別為多少？」假設長為 x、寬為 y，則上面的問題可以寫成下面的聯立方程式。

$$\begin{cases} x+y=6\dfrac{1}{2} \\ xy=7\dfrac{1}{2} \end{cases}$$

將第一行的算式改寫成 $y=6\dfrac{1}{2}-x$，然後代入第二行的算式，就變成 x 的二次方程式 $2x^2 - 13x + 15 = 0$ 了。這個算式的解答是，$x = 5$ 或 3/2。巴比倫人開發出了不需要用文字就可以解答這個問題的方法，粘土版上也記載了長 5、寬 3/2 的答案。

古希臘幾何學的基本，就是使用尺跟圓規的「尺規作圖」。他們已經知道如何將線段分成分數倍的方法，根據畢達哥拉斯學派的理論，即使是無理數的 $\sqrt{2}$ 也能夠經由尺規作圖，做出正方形的邊與其對角線的長度比。於是，這就產生了一個問題：怎樣的圖形可以用尺規作圖，而怎樣的圖形無法作圖呢？而其中特別有名的，就是「三大作圖問題」。

（1）倍立方體：體積為兩倍的新立方體

面積為已知正方形的兩倍的新正方形應該是怎樣呢？這個問題是柏拉圖的對話集《美諾篇》中，蘇格拉底詢問美諾的僕役的問題。相信各位已經知道，這個問題的解答是邊長變成 $\sqrt{2}$ 倍的正方形，而且這個問題可以利用尺規作圖解答。現在的問題，將二維的正方形改成三維的正立方體的版本。

根據古羅馬時代的歷史學家普魯塔克（Plutarchus）的記載，西

元前 4 世紀時，希臘提洛島的內政問題嚴重，於是市民們前往太陽神的神殿尋求太陽神的意見。太陽神的神諭是製作正立方體、體積為太陽神祭壇兩倍的新祭壇。於是，市民們製作了長、寬、高都成為兩倍的新祭壇獻祭給太陽神，然而內政問題卻依然沒有解決。因為新祭壇的體積變成原來的八倍了。就在市民們熱中討論要如何做出體積兩倍的祭壇時，不知不覺間內政問題就解決了。也因此，倍立方體的問題又被稱為「提洛島問題」。

（2）三等分任意角度

　　將給定的任意角度 2 等分，是很簡單的尺規作圖問題。像圖 2-5 那樣，利用圓規，以角度的頂點為圓心畫一個圓弧，這個圓弧與角的兩邊有兩個交點，於是，再分別以這兩個交點為圓心，以相同的半徑畫弧，將角的頂點與兩弧的交點相連，所形成的直線，就可以將角 2 等分。既然可以將角 2 等分，那把角 3 等分應該也不會太難吧。出乎意料的，這變成了作圖學的難題。

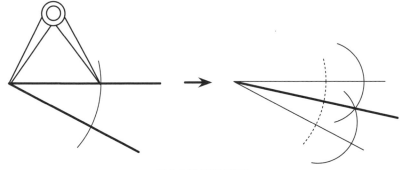

圖 2-5 將角度兩等分

（3） 化圓為方：做出跟圓面積相同的正方形

　　圓面積算法是 π×（半徑）^{2}，因此只要能做出圓的半徑的 $\sqrt{\pi}$ 倍的線段，就能夠以此線段為邊長，做出與圓形面積相同的正方形了。英語裡有一句諺語「square the circle」（將圓形化為正方形），意思就是「企圖想做不可能的事」。這個問題也是從古到今，作圖學難題中的難題。

　　數學家花了 2000 年的時光，經年累月努力著想解開這些作圖難題。然而，（1）及（2）在 17 世紀、（3）在 19 世紀，卻被證實了不可能只靠尺規作圖解答。

　　要證明「可以作圖」的話，只要拿出尺跟圓規當場畫出作法就可以證明了；相反的，要怎樣才能證明「不能作圖」呢？尺跟圓規的畫法有無數種，又不可能把每一種畫法、每一種排列組合方法都試過，又怎麼能說出「不能作圖」的結論呢？解開這個問題的重要關鍵，又是二次方程式了。

　　明確訂立判定圖形能不能作圖的基準的，就是被譽為人類史上最偉大的數學家，19 世紀的高斯（Gauss）。高斯證明當圖形的邊長比是「經過有限次數的加減乘除及平方根的運算組合」，也就是說能夠表示成為二次方程式的解時，那麼這個圖形就能夠作圖，如果不能的話，圖形就無法作圖。關於這個證明的靈感，將會在第六話中說明。

　　例如，蘇格拉底詢問美諾僕役的問題「將正方形的面積變為兩倍」，假設原來的正方形的邊長為 1，面積為兩倍的新正方形的邊長就必須是 $\sqrt{2}$，也就是二次方程式 $x^2 = 2$ 的解答，因此這個問題是能

夠作圖的。

　　相反的，提洛島的倍立方體問題無法用二次方程式表示。例如邊長為 1 的正立方體，體積為 1。將體積成為兩倍的新立方體的邊長設為 x，如果新立方體的體積變為兩倍，則會變成 $x^3 = 2$ 的三次方程式。這個算式的解答是 2 的立方根、無法用平方根或是加減乘除來表示，因此這個問題是無法用尺規作圖解答的。

　　問題（1）跟（2）在 17 世紀就知道不可能作圖了，但是問題（3）卻直到 19 世紀還無法有個定案。其中的癥結點在於「圓周率到底能不能表示成為整數係數的二次方程式的解」（如果 π 可以用作圖表示，那麼 $\sqrt{\pi}$ 也可以作圖了）。1892 年，德國的費迪南德‧馮‧林德曼（Ferdinand von Lindermann）證明了圓周率不能表示成二次方程式或是任何次數的方程式的解，於是終於可以定案，無法利用尺規做出與圓形具有同樣面積的正方形了。

　　根據高斯的發現，尺規作圖問題從尺跟圓規的畫圖作業中解放出來，而昇華成為某個數能不能利用有理數及平方根表示的問題，變成利用代數的方法就能夠解決。這也展現了數學將事物抽象化的能力。

　　在古希臘時代就知道如何利用尺規作圖做出正 3、4、5、6、8、10、12 邊形，而正 7、11、13 角形的作圖是很困難的。因此相信頂點是 7 以上的質數（只能被 1 及自己本身分割的自然數）的正多角形，是無法利用尺規作圖的。然而，這個猜想被剛剛進入德國哥廷根大學的高斯給顛覆了。具有質數頂點的正 17 邊形居然是可以作圖的！

　　高斯在 1796 年的日記中寫道，3 月 30 日早晨，睜開眼睛醒來，正要從床上起身的時候，突然靈光一閃，想到了正 17 邊形是可以作圖的。那時候，他發現的是，斜邊為（360÷17）度的直角三角形的

斜邊與底邊的比為：

$$\frac{-1+\sqrt{17}+\sqrt{34-2\sqrt{17}}+2\sqrt{17+3\sqrt{17}-\sqrt{34-2\sqrt{17}}-2\sqrt{34+2\sqrt{17}}}}{16}$$

是只利用加減乘除及平方根就能夠表示的。剛進大學還很困惑自己到底要主攻哪一個專業領域的高斯，經由這個發現確認了自己的實力，於是邁向成為數學家的道路。

　　從伽利略以及牛頓開始的近代科學發展中，二次方程式被用來解釋了各式各樣的自然現象，還因為能用來計算大砲的砲彈爆炸地點，而被稱為「死亡方程式」。另一方面，也能用來計算汽車在踩下煞車之後到停止之間的煞車距離，因此，也可說是拯救生命的方程式。

　　二次方程式 $ax^2 + bx + c = 0$，具有公式解 $x = \frac{-b \pm \sqrt{b^2 - 4ac}}{2a}$。這個公式在之前的寬鬆教育時代，從國中的學習指導綱領中被刪除，但是最近似乎又被追加回來復活了。我認為這個方程式是今日科學文明的基礎，在義務教育的最後來學習這個課題是再適合也不過了。關於這個公式所包含的深刻含義，將會在第九話的「伽羅瓦理論」時再詳細說明。

　　再翻回圖 2-1 看一下吧。人類為了追求更強的計算方法，逐漸擴張了數的世界。從計算蘋果橘子的 1、2、3 等等的自然數開始，為了能自由計算減法而思考出零及負數；為了能自由計算除法，而思考出分數；經由尺規作圖而發現了無理數。然而，這些數的發現花費了非常久的歲月。即使像是帕斯卡與笛卡兒那樣偉大的數學家，在他們的

時代也無法接受負數。所以，國中生為了計算負數乘法而煩惱，其實一點也不意外。然而，經由數千年、由數學家們努力的足跡建立起的，是人類了不起的思想結晶，希望我們都能好好珍惜接觸人類偉大思想的機會。

第三話
天文數字也不怕

序　世界首次原子彈核爆實驗與費米推定

　　1945 年 7 月，在美國新墨西哥州的托立尼提實驗場，舉行了世界上第一次的原子彈核爆實驗。三年前在芝加哥大學參與原子爐建設以及實現原子連續核分裂反應的恩里科‧費米（Enrico Fermi）也以曼哈頓計畫成員的身分參與這場核爆試驗。

　　原子彈爆炸 40 秒後，爆炸產生的暴風到達了觀測基地。觀看著爆炸中心地點的費米看到爆炸之後站起來，將兩手高舉過頭，手上拿著切成細條的筆記紙。當暴風到達觀測基地時，費米將手上的紙放開，紙片在空中飛行約兩公尺半之後才落地。費米看了，思考一下後面對參與核爆的其他人員說：「原子彈爆炸相當於大約兩萬噸 TNT 火藥爆炸的威力」。

參與曼哈頓計畫的科學家們調查了爆炸的資料，花三週時間進行許多精密計算之後得到的答案跟費米一樣。

　　即使是看起來很簡單的資訊，只要肯下工夫分析，也能得到許多的訊息。費米就很喜歡即興問芝加哥大學的學生們一些估算的問題。例如，最有名的問題就是「芝加哥市內有幾位鋼琴調音師呢？」。

　　像這種被稱為「費米推定」的問題，甚至還出現在大企業的招聘測驗中，針對這樣的問題，日本也出版了好幾本解說書。但是，這種問題的解答其實很單純。乍看之下很難的問題，只要把它拆解成簡單的小部分，然後一個個分別估算之後，再組合成原來的問題就好了。

　　例如剛剛提到的估算鋼琴調音師的問題，首先要考慮的事情是，芝加哥市內到底有幾架鋼琴呢？

　　因為我住在洛杉磯市區的近郊，所以知道洛杉磯是全美國第二大的都市，有著將近 400 萬的居民。芝加哥市是全美國第三大都市，所以應該有 300 萬居民吧。假設一個家庭有三名成員，那麼芝加哥市大概有 100 萬戶家庭。不太可能每一個家庭裡都有一架鋼琴，但是如果 100 戶裡只有一架鋼琴又好像有點太少了。記得我上小學的時候，班上同學裡就有幾位家裡有鋼琴。那麼就估算大約 10 戶人家裡有一架鋼琴吧，這樣的話芝加哥市內 100 萬戶家庭裡大概有 10 萬台鋼琴。除了家庭之外，學校或是音樂廳應該也有鋼琴，但是以學校的鋼琴而言，幾百位的學生只有幾台鋼琴，所以應該可以忽略不計算。

　　那麼，就假設芝加哥市內一共有 10 萬台鋼琴吧。接下來的問題就是，如果要對這些鋼琴調音的話，需要幾位調音師呢？

　　我家也有一架鋼琴，每半年需要調一次音，但是應該也有完全沒調音的鋼琴，所以平均起來一架鋼琴大約需要兩年調音一次。那麼，

一位調音師在兩年內可以為幾架鋼琴調音呢？一年有 365 天，假設只有平日是工作日，那麼 365×5/7 大約是 260 天，兩年就大約 500 天。假設為一架鋼琴調音需要一個小時，再加上前往鋼琴所在地的交通時間，一個人一天為四架鋼琴調音應該就是極限了吧。換句話說，兩年內，平均一位調音師可以為 500×4 = 2000 架鋼琴調音。如果要為 10 萬架鋼琴調音，則需要 100,000÷2000 = 50 位調音師。

在這邊假設鋼琴兩年調音一次，實在是很粗略的估算。如果使用更正確的資料，應該可以估算得更準確，不過這個估算應該至少在數字的位數上不會差太多。實際上，芝加哥市內登記在職業電話簿上的至少有 30 位鋼琴調音師，如果加上沒有登記在電話簿上的人數，大概跟 50 位也相差不太遠。

另外再說明一些費米估算的例子吧。

1 大氣中的二氧化碳到底增加了多少呢？

現在大氣中的二氧化碳濃度一直增加，而這被認為是造成地球氣候大幅改變的原因。而二氧化碳增加的原因，真的是因為人類大量使用石油或是煤炭等等的石化燃料造成的嗎？要判斷這件事，就必須要估算燃燒石化燃料產生的二氧化碳量。雖然我不是氣象或是環境問題的專家，但是利用我所擁有的知識應該可以做初步的估算。來算看看吧。

1.1 人類究竟消耗了多少能量呢？

我們每天大概需要攝取 2000 大卡（1 大卡 = 1000 卡路里）。卡路里就是一種能量的單位。然而，我們消耗的能量不只有食物，像是冷氣空調、電腦、工廠製作產品，利用汽車、火車、飛機等等輸送人或物品，甚至是為了維持社會運作的各式各樣服務業也都消耗著許多的能量。

為估算社會全體所消耗的能量，先想一下汽車吧。例如，豐田汽車的 Corolla 搭配著有 100 馬力的引擎。1 馬力是指一匹馬的拉力，那是一個人力量的好幾倍，100 馬力等於好幾百人力呢。

如果一天的食物攝取就需要 2000 大卡的話，現代人一天的生活大概必須消耗比食物還多數十倍的能量吧。Corolla 的最大輸出力量是數百人力的話，每個人每天都花費數百倍的人力好像有點太多，那麼就取中間值的 50 倍，也就是推估一個人一天大約消耗 100000 大卡。估計非常粗略，但是至少位數應該是準確的。

世界人口大約 70 億，所以全世界的人每天消耗的能量大約是 70 億 $\times 100000 = 7 \times 10^{14}$ 大卡。

1.2 人類排放出了多少二氧化碳呢？

假設剛剛計算出的消耗的能量都是煤炭或石油等石化原料燃燒產生的，那樣應該會排出多少的二氧化碳呢？剛剛去便利商店的商品櫃看了一下，「Calorie Mate」（譯注：一種餅乾）包裝上寫著一根是 100 大卡。利用這個，來推導能量的消耗與二氧化碳排出量的關係式

吧。

　　人類吸入氧氣、呼出二氧化碳，這是因為食物中的碳原子與吸入的氧氣結合而形成二氧化碳。「Calorie Mate」的成份表中寫著含有 10 克的醣類（碳水化合物），其中就包含可以變成能量的碳。碳應該比全部的 10 克少，但是與氧結合變成二氧化碳之後又會變重，那麼就假設一根「Calorie Mate」所產生的 100 大卡的能量會轉換成 10 克的二氧化碳排出。

　　全世界一天消費 7×10^{14} 大卡的能量，利用剛剛的算式的話，就可以估算出一天會排出 7×10^{13} 克的二氧化碳。一年有 365 天，所以一年大約排放 $7 \times 10^{13} \times 365 ≒ 3 \times 10^{16}$ 克的二氧化碳。

　　加州大學聖地亞哥分校的查爾斯・基林（Charles Keeling）在夏威夷的冒納羅亞火山（Mauna Loa）觀測所，對從 1958 年至今近半世紀的大氣中二氧化碳濃度變化進行精密觀測。結果顯示，大氣中的二氧化碳以一年 10^{16} 克的速度持續增加中。基林因為這項研究成果而得到了美國總統頒發的國家科學獎。

　　我的計算結果也跟基林的觀測結果相當接近，因此或許可以確定這半個世紀以來，二氧化碳的增加是因為人類活動造成的。

2 出現天文數字也不必害怕

　　解答費米估算的問題時有一個技巧，那就是不要害怕天文數字，跟著理論做嚴謹的計算就可以了。因為只是粗略的估算，所以只要數字的位數是對的就足夠了，重要的是千萬不要數錯了零的數目。

　　這時候，利用次方的形式來表示零（0）的數目就很方便了。像

是 $10^1 = 10$ 或是 $10^2 = 100$ 這樣的表示方法，10 右上方的數字，就是 0 的個數。利用這個方法，一兆是 1,000,000,000,000，1 的後面有 12 個 0，那麼就可以寫成一兆 = 10^{12}。試著把下面這些很大的數目都寫成次方的形式吧（這是 2013 年的數據）。

$$日本的實質 GDP = 5.2 \times 10^{14} 日幣$$
$$日本的國家預算 = 9.2 \times 10^{13} 日幣$$
$$豐田汽車的銷售額 = 2.3 \times 10^{13} 日幣$$
$$日本的文化教育預算 = 1.2 \times 10^{12} 日幣$$
$$勞動族群每年可支配所得 = 5.1 \times 10^6 日幣$$

一般而言，即使提到日本的國家預算為 92 兆也很難有具體概念，但是如果寫成 10 的次方的形式表示，對於數目的大小比較能有概念，很容易可以跟別的數字相比較。像這樣，把數字改寫成「最大為個位數的整數及小數點後一位」乘上「10 的次方」的表示法，稱為「科學記號法」。把 92 兆日幣改寫成 9.2×10^{13}，9.2 稱為「係數」，而 10 的右上方的 13 稱為「指數」。

如果用這個方法計算，計算乘法的時候就變成指數相加，因此不容易出錯。

$$10^7 \times 10^5 = 10^{7+5} = 10^{12}$$

而計算除法，就變成指數相減。

$$10^7 \div 10^5 = 10^{7-5} = 10^2$$

計算 10,000,000 ÷ 100,000 = 100 就能證實這樣的計算是正確

的。也就是說：

$$10^n \times 10^m = 10^{n+m}$$

$$10^n \div 10^m = 10^{n-m}$$

上一話第二節中提到，為了讓減法更自由，所以需要擴張自然數的概念。如果只能在自然數的範圍內計算減法，那就只能用大的數減去小的數，於是為了能更自由運用減法而發明了零跟負數。目前我們提到的在 10 的右上方的指數都是自然數，但是其實指數也可以是零或負數。

例如，10^7 除以相同的 10^7 會得到 1，代入剛剛提到的指數除法算式，$10^7 \div 10^7 = 10^{7-7} = 10^0$。因此，就可以得到：

$$10^0 = 1$$

另外，10^5 除以比他大兩位數的 10^7 時，會得到 $100,000 \div 10,000,000 = 1/100$。也就是說，$10^5 \div 10^7 = 1/100 = 1/10^2$。同樣的，代入剛剛提到的指數除法的算式 $10^5 \div 10^7 = 10^{5-7} = 10^{-2}$。因此，可以得到：

$$10^{-2} = \frac{1}{10^2}$$

利用這樣的方法，即使是小於 1 的數也可以用 10 的次方來表示。例如，螞蟻的大小是 10^{-3} 公尺，阿米巴原蟲的大小是 10^{-4} 公尺。10^{-3} 就是 0.001，指數的絕對值（絕對值就是去掉負號，只剩下數字的值）就是小數點後的 0 的數目。

指數不但能夠計算加法跟減法，也能夠計算乘法及除法。例如，

$(10^5)^3$ 是什麼呢？就是把 10^5 乘 3 次，也就是：

$$(10^5)^3 = 10^5 \times 10^5 \times 10^5 = 10^{15}$$

注意到了嗎？右邊的指數是 $15 = 5 \times 3$，所以也可以寫成 $(10^5)^3 = 10^{5 \times 3}$。一般而言，以次方的形式寫成的數再乘上 m 次方時，就代表將指數乘上 m 倍。

$$(10^n)^m = 10^{\overbrace{n + \cdots n}^{m}} = 10^{n \times m}$$

那麼，指數的除法 $10^{n \div m}$ 又是怎麼一回事呢？第二話裡提到的，除法就是乘法的逆運算。例如，$(3 \div 5) \times 5 = 3$。將這個觀念代入指數的計算，就會變成：

$$(10^{3 \div 5})^5 = 10^{(3 \div 5) \times 5} = 10^3$$

$10^{3 \div 5}$ 表示乘了 5 次之後可以變成 10^3 的數，也就是 10^3 的 5 次方根的數。將 5 次方根寫成數學記號就是 $\sqrt[5]{}$，於是整個算式會變成：

$$10^{3/5} = 10^{3 \div 5} = \sqrt[5]{10^3}$$

於是，指數也可以用分數的形式來表示了。更進一步，像是 π 那樣的無理數，也可以先轉換成近似的分數之後再變成指數。例如，使用第二話中提到的圓周率 π ≒ 355/113 的話：

$$10^\pi ≒ 10^{\frac{355}{113}} = \sqrt[113]{10^{355}} ≒ 1385$$

如果用分數甚至小數來表示指數，那麼任何數都能夠表示成

10 的次方形式了。剛剛提到日本的實質 GDP 為 5.2×10^{14} 日幣，試試看將數字全部換算為 10 的次方的表示法。5.2 比 $1(= 10^0)$ 大，但是比 $10(= 10^1)$ 小，所以假設 $5.2 = 10^x$ 的話，x 會落在 $0 < x < 1$ 的範圍內。假設 $x = 1/2$ 的話，$10^{1/2} = \sqrt{10} = 3.16 \cdots$ 比 5.2 還小，所以就可以將範圍縮小成 $1/2 < x < 1$。不斷重複這樣的步驟，就可以將 x 的範圍一直縮小，最後會得到 $x \doteqdot 0.72$ 的近似值。於是日本的實質 GDP 就能夠利用 10 的次方表示成：

$$5.2 \times 10^{14} \doteqdot 10^{0.72 + 14} = 10^{14.72} 日幣$$

在這個算式中，$5.2 \doteqdot 10^{0.72}$ 的指數 0.72 是用逼近法慢慢把範圍縮小而計算出來的。而下一節要介紹的「對數」，就是方便計算指數的工具。

3 讓天文學家的壽命延長兩倍的祕密武器

還記得在第一話中提到了投擲硬幣的機率嗎？當硬幣出現字面的機率為 $p = 0.47$ 而出現人頭的機率為 $q = 0.53$ 面，每次輸贏 1 元時，想要把手上的 50 元變成 100 元的話，有 99.75％的機率會破產。那時的計算公式是：

$$P(50,100) = \frac{1 - \left(\frac{q}{p}\right)^{50}}{1 - \left(\frac{q}{p}\right)^{100}}$$

如果真的要計算 $q/p \doteqdot 1.13$ 的 100 次方的話，應該還沒算完太

陽就下山了。

　　當初我在寫那一話的時候，首先把 1.13 利用 10 的次方的形式寫成 $1.13 = 10^{0.053}$。於是，

$$1.13^{50} \fallingdotseq (10^{0.053})^{50} = 10^{0.053 \times 50} \fallingdotseq 10^{2.7} \fallingdotseq 5.0 \times 10^{2}$$
$$1.13^{100} \fallingdotseq (10^{0.053})^{100} = 10^{0.053 \times 100} = 10^{5.3} \fallingdotseq 2.0 \times 10^{5}$$

　　這麼一來不管是 1.13 的 50 次方也好，100 次方也好，都可以很容易計算出來。利用這個數值，就可以算出 $P(50,100) \fallingdotseq 0.0025$，也就是順利贏回 100 元的機率只有 0.25％。

　　像這樣，將各式各樣的數字都表示成 10 的次方形式，就很方便數學計算。要計算乘法的話，利用 10 的次方來表示，就可以轉變成加法的計算，而除法就轉變成減法，數學計算變得簡單許多。「對數」就是在這個狀況下被發明的。

　　在數學中，如果數跟與數之間具有相對應的關係，就稱為「函數」。例如，某個數 x 加上 3，會變成另一個新的數 $x + 3$，這就是函數。

$$x \to x + 3$$

　　利用這個函數，1 會變成 4；而 2 就會變成 5。

　　俗話說「覆水難收」，雖然這是指「一旦發生過的事情，就很難恢復成原本的狀態」，然而，卻可以經由某種方法反向操作。例如，利用鉛筆寫下的文字，可以用橡皮擦擦掉；用鐵鎚打入的釘子，可以使用釘拔拔掉。

　　函數是一個數與另一個數之間具有互相對應的關係式，如果存在

著另一個關係式，使得新的數可以經由逆向的運算恢復成原本的數值，那個函數就稱為「反函數」。

$$x \rightarrow x - 3$$

反函數就是還原的函數。原本是 1 → 4 的函數，反函數就是將 4 恢復成 1，也就是 4 → 1。雖然說覆水難收，但是覆水就這樣被收回盆裡了。

$$函數：x \rightarrow x + 3$$
$$反函數：x + 3 \rightarrow x$$

將數字 x 當做 10 的次方 10^x 的指數，這也是一種函數。

$$x \rightarrow 10^x$$

這個函數的反函數，稱為「對數函數」。寫成數學記號就是 log。對數函數是 $x \rightarrow 10^x$ 的逆運算，也就是：

$$x \rightarrow 10^x$$
$$10^x \rightarrow \log_{10}(10^x) = x$$

「log」記號是由對數的英語「logarithm」的頭三個字母而來。因為是計算 10 的次方的指數，所以在 log 的右下角寫上 10，成為 $\log_{10}$。

當我還是小孩子的時候，有一種東西叫做「計算尺」。利用計算尺可以算出 $\log_{10}(1.13) = 0.053$，因此可以知道 1.13 寫成 10 的次方

的形式就是 $1.13 = 10^{0.053}$。升上高中之後，使用稍微高級一點的電子計算機便可以計算對數函數了。現在只要用網路搜尋「log 1.13」就出現「0.05307844348」的答案，變得更加方便了。

　　對數是為了計算天文數字的乘法以及除法而發明的。15 世紀時，基督教王國稱霸伊比利半島，取得前往大西洋的航路，開啟了大航海時代。在廣闊無垠的海上航行時，為了要知道自己所在的位置，就需要精密的天體觀測以及計算超過十個位數以上的數字的數學計算。16 世紀時，丹麥的偉大天文學家第谷‧布拉赫（Tycho Brahe）利用三角函數的加法定理（第八話會說明）來計算這些天文數字的乘法及除法。「據說布拉赫用加法及減法來計算乘除法耶！」蘇格蘭的約翰‧納皮爾（John Napier）聽到這個傳言就開始研究比三角函數更方便的計算方法，那就是「對數函數」。因為對數可以很有效率地進行天文計算，所以也被說讓「天文學者的壽命延長了兩倍」。剛剛提到對數的英文「logarithm」，這也是由納皮爾命名，「log」是從希臘語中的「logos」而來，意思是語言及比例；而「arithm」則是從有「數字」含意的「arithmos」這個字而來。

　　布拉赫於 1601 年逝世之後，克卜勒（Kepler）繼承了布拉赫堆積如山的天體觀測數據，他在 1609 年發表了行星運動的第一及第二定律。而之後克卜勒對行星的公轉週期以及軌道大小的關係所發表的第三定律，則多花費了十年的時間。克卜勒在 1616 年才知道對數的使用方法，而對於第三定律而言，對數是不可或缺的。這一話的後面會再談談克卜勒定律。

　　納皮爾是蘇格蘭的貴族，他的後代查爾斯‧納皮爾（Charles Napier）是 19 世紀大英帝國的印度總司令官，紐西蘭的納皮爾市也

以他的名字命名。納皮爾市因為是紙漿的輸出港口，日本的王子製紙也建設了紙漿工廠，因此這也是王子製紙所生產的面紙以納皮亞（Nepia）作為品牌名稱的由來。

4 什麼儲蓄方法能讓複利效果最大化呢？

假設 A 銀行的定期存款年利率是 100％（數字有些誇張，不過為了讓計算簡單點，就這樣假設吧），存入一萬元，經過一年本金加利息（又稱本利和）就會變成兩倍的兩萬元。這時候，隔壁的 B 銀行提出了打破行情的年利率 200％的定期存款專案。如果在 B 銀行存一萬元，經過一年，本利和就會變成三萬元了。這時候，只好去跟 A 銀行商量看看了。A 銀行這時說：「那麼不如將定存從一年期更改成為半年期，您覺得如何呢？」

年利率是 100％的情況下，將利率均分，半年的利率是 50％。如果是這樣，本利和半年後變成 1.5 倍，再過半年，又變成 1.5 倍，所以一年後會變成 $1.5 \times 1.5 = 2.25$，也就是 2 萬 2500 元。這樣的本利和的確比只放長期的一年產生更多利息。像這種利息又產生利息的計算方式，稱為「複利」。

不過，即使本利和增加，一年變成 2.25 倍了，還是輸給一年變成 3 倍的 B 銀行。那麼，如果改成每個月給利息又會如何呢？年利率是 100％，所以月利率是 100/12，大約是 8.3％，也就是一個月後便會成 1.083 倍。以一個月一個月為單位、存入領出又存入反覆 12 次之後，一年之後會變成 $1.083^{12} = 2.613$ 倍。剛剛是 2.25 倍，而現在增加為 2.613 倍了。

那麼，把存款期間縮得愈短，一直存入領出會如何呢？本利和會不會比變成 3 倍的 B 銀行還要更高呢？

　　假設一年間重複存入 n 次的話，那利率會被均分為 $(100/n)\%$，也就是說，存一次能得到 $(1 + 1/n)$ 倍，反覆存了 n 次，所以會變成 $(1 + 1/n)^n$。當儲蓄的次數逐漸增加時，會如何呢？計算之後的結果如下表。

儲蓄期間	n	$(1 + \frac{1}{n})^n$
1 年	1	2.000
半年	2	2.250
1 個月	12	2.613
1 日	365	2.714
1 秒	31536000	2.718

　　雖然複利隨著儲蓄的次數增多，也有增加的傾向，但是只有到 2.71828…為止。不管如何努力，也贏不過本利變成 3 倍的 B 銀行。

　　當 n 逐漸增加，$(1 + 1/n)^n$ 會逐漸趨近於某個數。這個數被記載在納皮爾跟對數有關的書的附錄表中，因此又稱為納皮爾常數（Napier's Constant），中文稱為數學常數。據說，17 世紀的雅各布·白努利（Jakob Bernoulli）認知到，當 n 愈來愈大的時候，會趨向一個極限值。將這個數用「e」這個記號表示的就是第二話出現過的歐拉。利用極限的記號就可以表示為：

$$e = \lim_{n \to \infty} \left(1 + \frac{1}{n}\right)^n$$

納皮爾常數在數學中經常使用。例如，下一話第四節中會談到估算質數的數量，這時自然對數非常重要。另外，納皮爾常數與圓周率 π 關係密切。這個關係式在小川洋子的小說《博士熱愛的算式》中也有提到。

$$e^{\pi i} + 1 = 0$$

關於這個算式，將會在第八話討論虛數 i 時再詳細解說。

5 銀行存款要幾年才會變成兩倍呢？

到目前為止都只有提到 10 的次方，但是也有許多使用其他數字的次方的情形。例如，電腦數據是用「0」跟「1」兩個數字組合來表示，因此將數字用 2 的次方 2^x 表示是很方便的。求解指數 x 的對數函數就寫成 $\log_2$。

$$\log_2 (2^x) = x$$

為了要提醒自己正在計算 2 的次方，所以在 log 的右下方寫上 2，成為 $\log_2$。在科學的世界中，常常使用數學常數「e」的次方 e^x。求解指數 x 的對數函數寫作 $\log_e$，又稱為「自然對數」。

$$\log_e (e^x) = x$$

對數有一個重要的性質，那就是 $\log y^n = n \times \log y$。這個性質適用於 $\log_2$、$\log_e$、$\log_{10}$ 等等的所有對數。因為之後會經常使用，所以在這邊先說明一下。請先回想一下第二節提到的「乘以 n 次方的話，

指數會變成 n 倍」、$(10^x)^n = 10^{x \times n}$。取對數之後就變成

$$\log_{10} (10^x)^n = \log_{10} 10^{n \times x} = n \times x$$

這時候，令 $y = 10^x$，那麼 $x = \log_{10} y$，就可以推導出

$$\log_{10} y^n = n \times x = n \times \log_{10} y$$

對於 $\log_2$ 及 $\log_e$ 也都能夠進行同樣的推導。

科學的世界中，在數值（ε）很小的情況下經常使用到自然對數，下面這個算式的近似值是可以成立的。

$$\log_e (1 + \varepsilon) \fallingdotseq \varepsilon$$

拜這個近似值所賜，可以簡化許多計算。

將這個算式應用在投資理財上吧。2014 年的現在，日本主要都市銀行的定期存款利率大約是 0.025％，因此即使存款一年也只能變成 $(1 + 0.00025)$ 倍。那麼要存幾年，才能讓儲金變成兩倍呢？存款兩年會變成 $(1 + 0.00025)^2$ 倍，存款三年變成 $(1 + 0.00025)^3$ 倍，存款 n 年就變成 $(1 + 0.00025)^n$ 倍。因此，儲金變成兩倍的年數就是計算下列算式的 n 就可以得到解答。

$$(1 + 0.00025)^n = 2$$

為了計算 n，首先將等號左右兩邊同時取自然對數就變成：

$$\log_e (1 + 0.00025)^n = \log_e 2$$

左邊利用剛剛提到過的 $\log y^n = n \times \log y$，就變成：

$$\log_e (1 + 0.00025)^n = n \times \log_e (1 + 0.00025) \fallingdotseq n \times 0.00025$$

　　這是利用剛剛提到的自然對數的近似值觀念，0.00025是很小的數，因此 $\varepsilon = 0.00025$，右邊就變成 $\log_e(1 + 0.00025) \fallingdotseq 0.00025$。而 $\log_e 2 \fallingdotseq 0.69315$，因此整個算式就變成 $n \times 0.00025 \fallingdotseq 0.69315$。於是，儲金變成兩倍的年數就是 $n \fallingdotseq 0.69315/0.00025 = 2772.6$ 年。在銀行裡的存款，大約經過2800年之後，儲金就會變成兩倍了。大概從古代腓尼基人在北非建立都市國家迦太基的時候開始儲蓄的話，到現在差不多就可以讓存款變成兩倍了吧。

　　將算利息的方法做成公式吧。假設利息是 $R\%$，一年之後本金加利息的本利就會變成 $(1 + R/100)$ 倍，n 年之後就變成 $(1 + R/100)^n$ 倍。因為利息只有百分之幾，$R/100$ 是很小的數，因此利用剛剛提到的近似值觀念：

$$\log_e \left(1 + \frac{R}{100}\right)^n \fallingdotseq n \times \frac{R}{100}$$

　　假設 n 年之後本利變成兩倍，那上式會等於 $\log_e 2 \fallingdotseq 0.69315$，就可以利用下面的算式計算 n 值。

$$n \fallingdotseq \frac{69.315}{R}$$

　　在詢問理財顧問投資理財方法時，他曾經教我一個「72法則」：本利和成為兩倍的年數 n，可以從利息為 $R\%$，$n \times R = 72$ 這個公式算出來。另一方面，我所推導出來的公式是 $n \times R \fallingdotseq 69.315$。「72

法則」的準確率有多高呢？利用本利和成為兩倍的年數與利息的表來看一下吧。

利息	年數	年數 × 利息
100%	1.00	100
30%	2.64	79.2
10%	7.27	72.7
1%	69.6	69.6
0.1%	694	69.4

　　當利息愈來愈少的時候，年數 × 利息就愈接近 69.315⋯。理財顧問使用 72 這個數字，應該是因為相對之下誤差比較小，而且 72 = $2^3 \times 3^2$ 具有 2 及 3 的因數，可以用心算簡單計算本利和成為兩倍的年數吧。

　　納皮爾常數 e 除了計算複利之外，在許多場合也能派上用場。例如「選擇戀人」的問題。假設戀人的候選人有 N 人、一位一位按照順序見面聯誼，最剛開始的 $(m\text{-}1)$ 人都只是去聊聊天。之後，從第 m 位候選人開始進入認真模式，只要感覺對方比之前聊天過的人都好，就直接選擇對方，不再考慮之後的候選人。這時候，如果要選擇自己真心喜歡的人選的話，應該要從第幾位候選人開始進入認真模式比較好呢？答案是將候補人數除以納皮爾常數 $m = N/e \fallingdotseq 0.368 \times N$，而這時候成功的機率也可以用納皮爾常數表示為 $1/e$。據說克卜勒選擇再婚對象時，就運用了這個戰略。

6 尋找自然法則中的對數

在自然法則中，有很多事物能夠表示成次方的形式。然後，如果使用對數的話就可以找出其中的規律了。因此，對數經常被使用在科學或工程學等等的領域中。在這邊要來說說 17 世紀時，影響伽利略及牛頓，成為科學革命序曲的克卜勒定律與對數的關係。

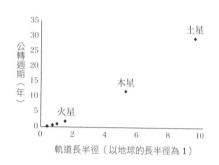

圖 3-1　行星的軌道半徑與公轉週期的關係

前面說到了克卜勒繼承了布拉赫的天體觀測數據。克卜勒分析了布拉赫的數據，發現行星的軌道不像是哥白尼（Copernicus）主張的完全正圓形，而是以太陽為其中一個焦點的橢圓形。這就是克卜勒第一定律。另外，在橢圓軌道上的行星，愈靠近太陽的運行速度愈快，遠離太陽的行星運行速度較慢。運用數學算式表示這個現象，就成為第二定律。克卜勒在 1609 年發表了這兩個定律。

克卜勒相信行星的軌道半徑與行星公轉週期之間，應該也存在數學上的關係式，但這是在得到布拉赫數據的十八年之後才證明出來。圖 3-1 將行星的軌道半徑與公轉週期做成圖表（因為行星是橢圓軌道，所以有長徑跟短徑，這邊表示的是長徑）。但是，從這張圖實在很難看出軌道半徑與公轉週期之間的關係。不但點跟點之間沒有排列成線，而且從水星到火星的點也集中在靠近原點的地方，實在看不出到底是怎樣的曲線。

克卜勒在 1619 年出版的《世界的和諧》中記錄了一段文字，他說：前年的 3 月 8 日，「腦海中靈光一閃，突然出現了非常棒的想法」。他將縱軸轉換成公轉週期的對數，橫軸轉換成軌道半徑的對數，所作出的圖竟然就像圖 3-2 那樣，從水星到土星，所有數據完美排列成了一直線。這個圖表是

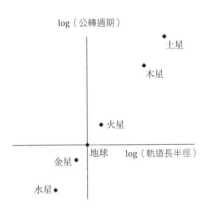

圖 3-2　以對數表示的話，就一目了然了

利用地球的公轉週期以及地球的軌道長徑為單位，所以地球位於原點。克卜勒發現這個直線的斜率是 3/2。也就是說：

$$\log_{10}（行星公轉週期）= 3/2 \, \log_{10}（行星軌道的長徑）$$

利用對數的公式 $\log x^n = n \times \log x$，就可以表示成：

$$\log_{10}（行星公轉週期）= \log_{10}（行星軌道長徑）^{3/2}$$

兩邊同時去掉 log，就變成：

$$（行星公轉週期）=（行星軌道長徑）^{3/2}$$

方程式兩邊同時平方，就會變成「行星公轉週期的平方與軌道長徑的三次方成比例」，這也就是克卜勒的行星第三定律（在這邊因為是以地球的週期及軌道半徑為單位，因此比例常數是 1）。只看圖 3-1 的話，無法看出指數是 3/2。但是如果使用對數作圖，看到圖 3-2 的

斜率，就一目了然了。

　　牛頓在確立古典力學的著作《自然哲學的數學原理》的第三卷中
提到，他是從克卜勒的第三定律推導出引力的大小與距離平方成反比
的。因為對數而發現的克卜勒定律，也促成萬有引力定律的發現呢。

第四話
不可思議的質數

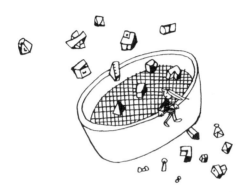

序 純粹數學之花

　　佛蘭克・納爾遜・柯爾（Frank Nelson Cole）是 1861 年出生的數學家，在哥倫比亞大學擔任教職。他擔任美國數學學會的秘書官長達二十五年，退休時，他利用捐款成立柯爾獎，成為數學界最具權威的獎項之一。

　　1903 年 10 月 31 日，柯爾在紐約舉辦的美國數學學會總會發表一場名為「天文數字的因數分解」的演講。演講時，柯爾站在會場裡巨大黑板的左邊，用粉筆寫了「2^{67}」表示計算 2 的 67 次方，然後減去 1，變成了下面的式子。

$$2^{67} - 1 = 147573952589676412927$$

　　然後，他走到黑板的右邊，寫下了下面的算式之後，沉默地站在

台上。

$$193707721 \times 761838257287$$

他接著利用筆算計算出

$$193707721 \times 761838257287 = 147573952589676412927$$

　　確認之後，將這個式子與左方的 $2^{67} - 1$ 畫上等號。柯爾在整個演講過程中沒有說任何一個字，放下粉筆之後，默默走回他的座位。在安靜得連掉一根針都能聽見的會場裡，突然響起了一陣如雷的掌聲。

　　柯爾在黑板上寫下的數字，是梅森質數（Mersenne number）之一。梅森質數是 17 世紀時，法國的數學家梅森（Marin Mersenne）所發想的一系列質數。他猜想小於 257 的自然數 n 當中，當 $n = 2, 3, 5, 7, 13, 17, 19, 31, 67, 127, 257$ 時，

$$2^n - 1$$

會是質數。「質數」就是這一話的主角，雖然後面會詳細說明，但是現在先簡單介紹一下，質數就是不能再被除了 1 之外的自然數整除的數。當 $n = 2, 3, 5, 7$ 時，$2^n - 1 = 3, 7, 31, 127$，這些的確都是質數呢。

　　法國數學家愛德華・盧卡斯（Édouard Lucas）花了十九年時間，在 1876 年手算出 $2^{127} - 1$ 的數值是質數，的確如梅森所預測的一般。這是當時所知最大的質數，這個紀錄一直維持到 20 世紀、直到開始使用計算機計算更大的數字之後才被打破。盧卡斯確認了梅森質數在 $n = 127$ 時是正確的，同一年，他也證明了 $n = 67$ 時，$2^{67} - 1$ 並非

質數，與梅森的預測不一致。不是質數就意味這個數可以表示成複數個數的乘積。然而，盧卡斯的證明方法只能證明這個數不是質數，卻無法找出這個數究竟是哪些數相乘的乘積。而柯爾證實了這一點，他在研討會上展現了 $2^{67} - 1 = 193707721 \times 761838257287$。據說柯爾每個週日的下午都在計算這個題目，花了三年之後終於得到這個分解式。

雖然梅森的猜想有一些錯誤，在 $2^n - 1$ 的數之中，有許多他預測之外的質數，但是我們仍然將這樣的質數稱為「梅森質數」。到 2014 年為止所知的最大質數是 $2^{57885161} - 1$，就是梅森質數。

在純粹數學之中，研究自然數性質的「整數論」具有非常特殊的地位。有人類史上最偉大數學家之稱的高斯就曾經說：「數學是所有科學界之中的女王，而其中，整數論更是數學界中的女王。」而 19 世紀領導整個德國數學界的克羅內克（Kronecker）也說：「上帝創造了自然數。其餘都是人的創作。」

自然數可以分解為質數的乘積，而且分解方法還不只一種。想研究事物的性質時，盡可能地將事物分解成基本的要素，也就是最小單位，之後，從最小單位開始，釐清並且理解事物的本質，這就是最基本的科學思考方法。例如，想研究物質的性質時，會將其分解成原子及基本粒子。同樣地，自然數可以被分解成質數的乘積，因此自然數的最小單位就是質數。數學家認為，想要解開數的祕密，關鍵就是質數。也因此，質數的研究成為整數論的中心問題之一。

彷彿是純粹數學之花的質數研究，成為支撐著現代網路經濟的基盤。我們在網路購物時，都需要輸入信用卡號碼之類的個人資訊吧。為了讓這些資訊不被截取的加密過程，就會用到費馬（Fermat）及歐

拉等數學家所發現的質數性質。

　　這一話我們一邊學習質數的性質，一邊思考純粹數學對現代社會的貢獻吧。

1 用「埃拉托斯特尼篩法」尋找質數

　　將自然數表示成別的自然數的乘積，就稱為「因式分解」。乘積中出現的數，就稱為原本的數的因數。舉例來說，因為 6 = 2×3 = 1×6，因此 6 的因數有 1、2、3 及 6。而 7 的因數只有 1 和 7。

　　質數就是「只有兩個因數的自然數」。像剛剛提到的 7 就是質數，而 6 就不是質數。比較特別的是 1，因為 1 的因數只有一個，也就是 1，因此 1 不是質數。其實 1 不能列入質數有更深奧的理由，這點我們之後再說。另外，不是 1 也不是質數的數，就稱為「合成數」，6 就是合成數。

　　來找找從 2 到 99 之間有哪些質數吧。首先，把所有的數都寫出來：

	2	3	4	5	6	7	8	9	10
11	12	13	14	15	16	17	18	19	20
21	22	23	24	25	26	27	28	29	30
31	32	33	34	35	36	37	38	39	40
41	42	43	44	45	46	47	48	49	50
51	52	53	54	55	56	57	58	59	60
61	62	63	64	65	66	67	68	69	70
71	72	73	74	75	76	77	78	79	80
81	82	83	84	85	86	87	88	89	90
91	92	93	94	95	96	97	98	99	

因為 2 是質數，所以把 2 先圈起來，2 的倍數的數全部依序劃掉。

②	3	~~4~~	5	~~6~~	7	~~8~~	9	~~10~~
11	~~12~~	13	~~14~~	15	~~16~~	17	~~18~~	19	~~20~~
21	~~22~~	23	~~24~~	25	~~26~~	27	~~28~~	29	~~30~~
31	~~32~~	33	~~34~~	35	~~36~~	37	~~38~~	39	~~40~~
41	~~42~~	43	~~44~~	45	~~46~~	47	~~48~~	49	~~50~~
51	~~52~~	53	~~54~~	55	~~56~~	57	~~58~~	59	~~60~~
61	~~62~~	63	~~64~~	65	~~66~~	67	~~68~~	69	~~70~~
71	~~72~~	73	~~74~~	75	~~76~~	77	~~78~~	79	~~80~~
81	~~82~~	83	~~84~~	85	~~86~~	87	~~88~~	89	~~90~~
91	~~92~~	93	~~94~~	95	~~96~~	97	~~98~~	99	

　　剩下的數當中，接在 2 後面的是 3。3 沒有被劃掉的理由是因為 3 不是 2 的倍數，3 的因數只有 1 跟 3，因此 3 是質數。所以，把 3 圈起來，把 3 的倍數依序劃掉。剩下的數字當中，3 之後是 5，這也是質數。所以把 5 圈起來，把 5 的倍數依序劃掉。重複這樣的步驟，就會變成下表這樣。

②	③	~~4~~	⑤	~~6~~	⑦	~~8~~	~~9~~	~~10~~
⑪	~~12~~	⑬	~~14~~	~~15~~	~~16~~	⑰	~~18~~	⑲	~~20~~
~~21~~	~~22~~	㉓	~~24~~	~~25~~	~~26~~	~~27~~	~~28~~	㉙	~~30~~
㉛	~~32~~	~~33~~	~~34~~	~~35~~	~~36~~	㊲	~~38~~	~~39~~	~~40~~
㊶	~~42~~	㊸	~~44~~	~~45~~	~~46~~	㊷	~~48~~	~~49~~	~~50~~
~~51~~	~~52~~	㊼	~~54~~	~~55~~	~~56~~	~~57~~	~~58~~	㊾	~~60~~
㊱	~~62~~	~~63~~	~~64~~	~~65~~	~~66~~	㊸	~~68~~	~~69~~	~~70~~
㉛	~~72~~	㊽	~~74~~	~~75~~	~~76~~	㊲	~~78~~	㊾	~~80~~
~~81~~	~~82~~	㊳	~~84~~	~~85~~	~~86~~	~~87~~	~~88~~	㊾	~~90~~
~~91~~	~~92~~	~~93~~	~~94~~	~~95~~	~~96~~	㊼	~~98~~	~~99~~	

於是能夠知道，殘留下來的 2、3、5……都是質數。像這樣尋找質數的方法稱為「埃拉托斯特尼（Eratosthenes）篩法」。將合成數依序一個個劃掉，就好像用篩子把數字一個個篩掉一般。埃拉托斯特尼是西元前 3 世紀在埃及的亞歷山大很活躍的科學家，第六話估算地球大小的章節裡，他也會再次出場。即使在現代，要製作質數的表格時，也是使用改良過後的埃拉托斯特尼篩法。

2 質數有無限多個

質數的起源很早，在第二話提到的古埃及《萊因德紙草書》中，就記載過質數了。但是，要等到古希臘時代才真正將質數做為數的一分子，對質數的性質有明確認識。特別是西元前 300 年左右，歐幾里德編寫的《幾何原本》詳究了質數的性質。

約莫同一時間，德謨克利特（Democritus）提倡了「原子論」，他認為所有物質都是由原子（atom）這樣的基本單位組成的。古希臘文裡，atom 的字尾 tom 的意思是「切割、分開」，加上「a」的字首是否定的意思。也就是說，「atom」就是指「不可分割之物」。同樣地，自然數可以利用因數分解，分解成質數的乘積，而質數是無法再繼續分解的數，因此質數可以說是「數的原子」。「原子論」跟「質數」被發現的時間差不多，實在很有趣。雖然不知道先提出來的是哪一個觀念，但是應該有些觀念上的相互影響吧。

歐幾里德的《幾何原本》中記載的質數性質中，最重要的一個定理就是——質數有無限多個。實際上，據說在西元前 5 世紀時，畢達哥拉斯學派的人就證明過這個定理。

畢達哥拉斯學派發明了一個方法，能夠用已知的質數依序做出新的質數。從兩個質數 2 跟 3 開始，首先，將兩數相乘之後加 1，就變成：

$$2 \times 3 + 1 = 7$$

　　這個數不管是除以 2 或是除以 3，都無法整除，會有餘數 1，因此 2 跟 3 都不是這個新的數的因數，這個新的數「7」是一個質數。

　　知道 2、3、7 是質數之後，將這三個數相乘之後再加 1，就成了一個除以 2、3、7 都會餘 1 的新的數。

$$2 \times 3 \times 7 + 1 = 43$$

這個新的數也是質數。

再重複一次這個過程的話，

$$2 \times 3 \times 7 \times 43 + 1 = 1807$$

　　這個數不管是被 2、3、7、43 除，都會餘 1。不過，這一次的新的數 1807 並不是質數，實際上，1807 可以表示成質數 13 及 139 的乘積。

$$1807 = 13 \times 139$$

　　1807 不能被 2、3、7、43 之中的任何數整除，但是將 1807 分解之後卻出現了 13 及 139，這兩個數跟之前的 2、3、7、43 是完全不同的質數。這時候，將比較小的 13 也加入一起計算，全部相乘再加 1，就變成：

$$2 \times 3 \times 7 \times 43 \times 13 + 1 = 23479 = 53 \times 443$$

結果，又出現了新的質數 53 及 443 ！

將已知的質數相乘之後再加 1，就會出現無法被質數整除的新的數。如果這個數本身是質數，那麼就是找到一個新的質數；如果這個數不是質數而是合成數，那麼將合成數分解之後就會出現新的質數。將新發現的質數之中最小的質數加入計算，再重複一次這個過程，又會發現新的質數。如此這般，新的質數一直一直不斷增生出來，質數可以變成無限大。這就是畢達哥拉斯學派的證明。

雖然利用這樣的方法，可以不斷地「生產」出質數，但是卻沒有推論可以證明這樣的方法可以造出所有的質數。在質數的世界裡，還有許多未解的謎題呢。

將自然數分解成質數乘積的方法稱為「質因數分解」。歐幾里德的《幾何原本》裡也有提到質數的另一個重要性質，那就是自然數的質因數分解的組合只有一種。舉例來說，210 是 $2 \times 3 \times 5 \times 7$，除此之外沒有其他的分解法了。

質數是「數的原子」，如果因為將自然數分解的方法不一樣，而會出現不同的質數，就太奇怪了，因此，自然數的質因數分解法只有一種的性質又被稱為「算術基本定理」。各位可能會覺得，這般理所當然的事情被稱為「基本定理」，未免有些小題大作了。然而，在某類數的世界中，也有這個定理不成立的情況，但在此我們就先不贅述。

幸好，在我們生活的自然數的世界裡，自然數只有一種質因數分解法的「算術基本定理」已經被證明了。也因此，質數作為「數的原

子」而有了特別的意義。

　　前一節我們說到 1 不是質數，會這樣定義也是因為「算術基本定理」。如果 1 是質數的話，那麼，210 的分解式除了 2×3×5×7 之外，還有 1×2×3×5×7、1×1×1×2×3×5×7 等等分解法。如果 1 是質數的話，那麼「算術基本定理」就不得不改成「自然數被除了 1 之外的質數分解的質因數分解法只有一種」這種很繞口的說法了。將 1 排除在質數伙伴們之外的真正原因，是為了讓重要的定理能夠有清楚明白的定義。

　　數學家努力研究質數的性質，就好像物理學家研究物質的基本要素的基本粒子一般。「質因數分解法只有一種」，這個定理是質數是自然數的最小單位的根據，所以被稱為「算術基本定理」也是理所當然的。

3 質數的出現是有規律的

　　雖然我們已經知道質數有無限多個，但是如果將質數排隊排好，

　　2, 3, 5, 7, 11, 13, 17, 19, 23, 29, 31, 37, 41, 43, ……

　　質數之間到底有沒有某種規律性呢？這個問題從古希臘時代開始便吸引了許多數學家追尋答案，直到現代。

　　尋找質數出現的規律，就好像尋找元素週期表一般。19 世紀的化學家德米特里・門得列夫（Dmitri Mendeleev）將那時候已經發現的原子按照原子量順序排列，注意到這些原子出現的性質有某種週期性的規律，於是利用那些週期性，預測了新的原子的存在。門得列夫

的元素週期表對於 20 世紀解開原子構造有很大的貢獻。如同元素週期表一般，如果能夠理解「數的原子」——質數——出現的週期性，應該就能更加深入了解數的祕密吧。

第一節時，利用了「埃拉托斯特尼篩法」找出了小於 99 的所有質數。一位數的質數有 4 個，分別是：

$$2, 3, 5, 7$$

兩位數的質數有 21 個。

$$11, 13, 17, 19, 23, 29, 31, 37, 41, 43, 47,$$
$$53, 59, 61, 67, 71, 73, 79, 83, 89, 97$$

另外，三位數的質數有 143 個，而四位數的質數有 1061 個。

○ 一位數有 9 個自然數，9/4 ≒ 2.3，大約是 2.3 個數之中有一個質數。

○ 兩位數之中，大約 4.3 個數中有一個質數。

○ 三位數之中，大約 6.3 個數中有一個質數。

○ 四位數之中，大約 8.5 個數中有一個質數。

質數之間的間隔好像隨著位數的增加而增加了。從這個數據來計算比例的話，大約是 N 位數有 N×2.3 個質數。

其實，這個 2.3 的比例係數就是第三話裡提到的使用自然對數的 $\log_e 10 = 2.302585093\cdots$的近似值。因為對數具有下列性質：

$$N \times \log_e 10 = \log_e 10^N$$

N 位數的 $N \times \log_e 10 = \log_e 10^N$。第三話出場的納皮爾常數，在

這邊也派上用場了。

第二話提過的數學家高斯在十五歲的時候，也像剛剛那樣，調查了質數分布的方法，他推測小於 n 的質數個數有 $n/\log_e n$ 個。這個高斯預測與剛剛觀察到的「N 位數的數字當中，大約每隔 $\log_e 10^N$ 個數有一個質數」的意思相同。當數字的位數愈來愈多，高斯的估算就愈正確。這個預測在 1896 年被法國的雅克·阿達馬（Jacques Hadamard）與德拉瓦萊普森（Charles Jean de la Vallée-Poussin）分別獨立證明，也被稱為「質數定理」。歐幾里德證明了質數有無限多個，質數定理則更精密估算了質數增加的速度。

除了質數定理之外，對質數出現的規則自古以來便有許多猜想，然而大多數都沒有被證實。而這其中非常有名的一個假說就是「孿生質數有無限多個」。關於這個預測，最近有非常大的進展，有興趣的讀者可上網查找。

4 利用「帕斯卡三角形」判定質數

關於質數還有另一個重要的問題是——開發判斷自然數到底是不是質數的方法。之後會提到在網路交易時，必須使用將近 300 位數的質數做為密碼。事先找好許多天文數字的質數，也是有保持通訊祕密的實用意義呢。

要判定某一個自然數是不是質數的最簡單方法——從小的自然數開始按照順序一個個除，看看有沒有因數的存在。假設是 4187 這個數，那就從 2、3、4……開始，按照順序一個個除除看。如果有可以整除的數，就可以判斷 4187 是合成數而不是質數。其實不用除到

4187，只要除到平方根附近的數就好了。4187 = 53×79，比較小的因數是 53，比 $\sqrt{4187}=64.70\cdots$ 還要小。

　　但是如果要用這個方法判斷 300 位數的自然數是不是質數的話，因為 10^{300} 的平方根是 10^{150}，所以不得不將 10^{150} 個數一個一個除除看。假設「京速電腦」一秒可以進行 10^{16} 次的計算，而宇宙的年齡是 138 億年，大約是 $4×10^{17}$ 秒。也就是說，即使京速電腦從宇宙大爆炸時代開始一直努力運轉到現在，也只能進行 $4×10^{33}$ 次計算。這樣的話，依然無法判斷 300 位位數的自然數是不是質數。

　　要判定自然數是不是質數，也可以使用帕斯卡三角形。帕斯卡三角形就是下面的樣子。

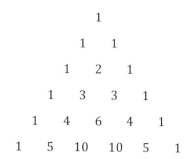

帕斯卡三角形是指，從最上方的頂點為 1 開始，

(1) 每一行的兩端是 1。

(2) 每一行相鄰的兩個數字相加，就是下一行兩數之中的數字。

根據這樣的規則列出的數字，以第 2、3、4 行為例：

第二行				1	1	
第三行			1	2	1	
第四行		1	3	3	1	

從第二行前往第三行時，計算 $1 + 1 = 2$，第三行前往第四行時，則是 $1 + 2 = 3$。

　　帕斯卡三角形的 $(n + 1)$ 行中所列出來的數，也是 $(x + 1)^n$ 的次方時，x 展開時的係數。例如：

$$(x + 1)^1 = x + 1$$
$$(x + 1)^2 = x^2 + 2x + 1$$
$$(x + 1)^3 = x^3 + 3x^2 + 3x + 1$$

　　將右邊的係數，與帕斯卡三角形的數字相比較，就一目了然了。

　　仔細看這個展開係數，當 n 是質數的時候具有特殊的規律性。例如當 $n = 3$、5、7 等等質數的時候：

$$(x + 1)^3 = x^3 + 3x^2 + 3x + 1$$
$$(x + 1)^5 = x^5 + 5x^4 + 10x^3 + 10x^2 + 5x + 1$$
$$(x + 1)^7 = x^7 + 7x^6 + 21x^5 + 35x^4 + 35x^3 + 21x^2 + 7x + 1$$

　　最初的 1 的係數跟最後的 x^n 的係數是 1，除此之外的其他全部係數都是 n 的倍數。例如，出現了 7、21、35 的係數，全部都是 7 的倍數。

　　而當 n 是合成數的時候，就會出現不是 n 的倍數的係數。例如，$n = 4 = 2 \times 2$ 時：

$$(x + 1)^4 = x^4 + 4x^3 + 6x^2 + 4x + 1$$

x^2 的係數是 6，並不是 4 的倍數。

　　來思考一下關於一般的數 n 的帕斯卡三角形吧。利用剛才（1）

及（2）規則的展開式就是：

$$(x+1)^n = x^n + nx^{n-1} + \frac{n(n-1)}{2}x^{n-2} + \frac{n(n-1)(n-2)}{2\times 3}x^{n-3} + \cdots + 1$$

特別要注意的一點是，除了最初以及最後的數字之外，其餘每一個係數的分子都出現了 n。如果 n 是質數，質數除了 1 及自己本身之外，不能被其他任何數分割。分母只會出現比 n 還小的數，因此也無法整除 n。因此，分子的 n 就會一直保留，也就是說，係數會變成 n 的倍數。

而如果 n 是合成數的話，情況又不一樣了。例如，$n = 2 \times k$，k 是奇數。將 $n = 2 \times k$ 代入剛剛的展開式

$$(x+1)^{2k} = x^{2k} + 2kx^{2k-1} + \frac{2k(2k-1)}{2}x^{2k-2} + \cdots$$

x^{2k-2} 的係數是

$$\frac{2k(2k-1)}{2} = k(2k-1)$$

因為 k 是奇數，所以 $k(2k-1)$ 也是奇數。但是 $n = 2k$ 是偶數，所以這個數無法被 n 分割。因為分母的 2 與分子的 $n = 2k$ 互相抵銷。其他合成數也是同樣的情況。

也就是說，當 $(x+1)^n$ 以 x 降冪展開的時候，如果除了 x^n 與 1 之外的其他係數都可以被 n 整除的話，n 就是質數，否則 n 就是合成數。

雖然各位會覺得，這樣應該就可以判斷天文數字是不是質數了吧，可惜這樣還是派不上用場。將 $(x + 1)^n$ 展開時，會有 $(n + 1)$ 項，要確認是不是除了 x^n 跟 1 之外的所有係數都是 n 的倍數，與剛剛提到的，利用 2、3、4…按照順序來除除看一樣，都是非常花費時間的方法。不過這個方法提供了靈感，催生了另一個有效率的判定法。接著就要說明這件事。

5 通過費馬測試就是質數？

　　費馬是 17 世紀的數學家，發現了許多關於整數性質的猜想。而其中，最有名的應該就是「費馬最後定理」了——對大於 3 的自然數 n 而言，不存在 $x^n + y^n = z^n$ 的自然數組合 (x, y, z)。直到 1995 年，安德魯・懷爾斯（Andrew Wiles）在理查・泰勒（Richard Taylor）的幫助之下才完成這個定理的證明。費馬在他擁有的一本古希臘丟番圖（Diophantus）的著作《算術》的空白處寫下這個定理。除了定理之外，費馬還寫著「關於這個定理，我發現了一個驚人的證明，但是這裡的空白處太小了，寫不下」。這段文字引發許多的猜想，但根據懷爾斯證明所用到的技術，17 世紀時要證明這項定理應該很困難。

　　除此之外，還有另一個費馬小定理，「如果 p 是質數，無論任何自然數 n，都存在 $n^p - n$ 能被 p 整除的關係式。」為了與費馬最後定理區分，而將這個定理稱為小定理。這個定理也不能確定是不是費馬證明的。有正式發表證明紀錄的是第二話談論負數時介紹過的萊布尼茲（他在第七話的微積分時還會再出場一次）。

　　例如，當 $p = 5$ 的時候，自然數 n 的次方除以 5 的餘數，就是下表：

n 的值	1	2	3	4	5
n 除以 5 的餘數	1	2	3	4	0
n^2 除以 5 的餘數	1	4	4	1	0
n^3 除以 5 的餘數	1	3	2	4	0
n^4 除以 5 的餘數	1	1	1	1	0
n^5 除以 5 的餘數	1	2	3	4	0

「n 除以 5 的餘數」的那行與「n^5 除以 5 的餘數」的那行,是同樣的數。也就是說,這兩行相減為零,$n^5 - n$ 可以整除 5,費馬小定理在 $p = 5$ 的時候成立。

那麼,來證明對於所有的質數 p,費馬小定理都能成立吧。首先先回想起,當 p 是質數時,$(x + 1)^p - x^p - 1$ 對 x 的展開式中,所有 x 項的係數都可以被 p 整除。因此,如果 n 是自然數,那麼 $(n + 1)^p - n^p - 1$ 就可以被 p 整除。另一方面,費馬的小定理認為 $n^p - n$ 能夠被 p 整除。怎麼覺得,這個 $n^p - n$ 與 $(n + 1)^p - n^p - 1$ 看起來很像呢。

數學或是科學研究都特別注重這種看起來很像的事情,通常是解題的關鍵。$n^p - n$ 裡有一項 n^p,而 $(n + 1)^p - n^p - 1$ 裡的 n^p 則有一個負號。將兩個式子相加,n^p 就會互相抵消,成為:

$$(n^p - n) + \left((n+1)^p - n^p - 1 \right) = (n+1)^p - (n+1)$$

仔細看這個式子,會發現 $n^p - n$ 與 $(n + 1)^p - (n + 1)$ 之間似乎有關聯。已經知道夾在中間的 $(n + 1)^p - n^p - 1$ 是可以被 p 整除的數。因此,「如果 $n^p - n$ 可以被 p 整除的話」,那麼 $(n + 1)^p - (n + 1)$ 也可以被 p 整除。

各位可能會覺得「雖然你這樣說，但是 $n^p - n$ 可以被 p 整除這件事，才是我們本來要證明的題目呀。假設本來要證明的事情是成立的，這是怎麼一回事呢」。「如果對於自然數 n 而言，費馬小定理是成立的」，那麼對於自然數 $(n + 1)$ 自然也是成立的。只有這樣，似乎不能說明什麼。

那麼，回到最開始的 $n = 1$ 的情況吧。因為 $1^p - 1 = 0$，所以當然是可以被 p 整除，所以費馬小定理是成立的。因為已經證實「如果對於自然數 n 而言，費馬小定理是成立的」，那麼對於自然數 $(n + 1)$ 自然也是成立的，所以當 $n = 1$ 時，費馬小定理成立的話，那麼 $n + 1 = 2$ 時，費馬小定理應該也要能成立。

持續重複這個步驟的話，在 $n = 2$ 時，費馬小定理能夠成立，那麼，在 $n = 3$ 時應該也能夠成立。所以，$n = 4$、$n = 5$ 應該通通能成立。就好像推骨牌那樣，從小的值往大的值一步步推導，就可以證明費馬小定理。

利用這種好像推骨牌的方法一般，一個接一個，利用「如果 n 成立的話」推導出「$(n + 1)$ 也可以成立」來推論關於自然數的定理之法，稱為「數學歸納法」。

那麼，當 p 是合成數時，又會如何呢。假設 $p = 6$，計算看看 $5^6 - 5$ 的餘數是多少吧。5^6 除以 6，餘數是 1，而 5 除以 6，餘數則是 5，將 5^6 及 5 同樣除以 6，餘數卻不相同。因此，$5^6 - 5$ 無法被 6 整除。根據費馬小定理，當 p 是質數的時候，$5^p - 5$ 應該可以被 p 整除，就可以判定 6 不是質數。

當然，我們能夠判定 6 不是質數，不過如果 p 是天文數字的話，就可以藉由計算 $n^p - p$ 除以 p 的餘數判斷，如果餘數不是零，那麼 p

就是合成數，這就是「費馬測試」，如果無法通過費馬測試，那麼 p 就不是質數。

剛剛提到，要判定自然數 p 是不是質數，從 2、3、5 依序除除看是不是能整除是很沒有效率的方法。如果 p 是 300 位位數的數字，用這個方法，即使是京速電腦從宇宙開天闢地時開始算，到現在也還沒算完。這時候，如果使用費馬測試，需要的計算次數就能大幅減少。

然而，費馬測試並不是完美的。雖然說無法通過測試的數是合成數，但是通過測試的數，卻不能保證一定是質數。例如，561 = 3×11×17 是合成數，但是對於任何自然數 n，$n^{561} - n$ 都可以被 561 整除。而且，這種「偽質數」（也稱作卡邁克爾質數〔Carmichael number〕這種氣派的名字）也被證實有無限多個。

在帕斯卡三角形中，第 $(p + 1)$ 行中，除了第一個及最後一個係數之外的係數都能被 p 整除的話，p 一定是質數。費馬測試雖然是利用這個性質，但是判斷基準卻變弱了。2000 年的時候，印度理工學院坎普爾校區的阿格拉瓦爾（M. Agrawal）與他的學生卡亞（N. Kayal）跟謝克先那（N. Sexena）成功改善了這一點。他們發現有 N 位數的質數 p，只要計算 $N^{7.5}$ 次，就能準確判斷 p 是不是質數。最近改善到只要計算 N^6 次就可以判斷了。舉例來說，假設 p 是 10^{300} 的話，因為 $300^6 \fallingdotseq 10^{15}$，京速電腦只要 0.1 秒就可以完成計算了。感謝阿格拉瓦爾與其學生們的發現，本來是從宇宙開天闢地開始算到現在也算不完的計算，利用質數性質所設計的巧妙演算法，變成一瞬間就可以做到的事情了。

6 守護通訊祕密的「公開金鑰密碼」是什麼？

自然數，特別是質數的性質，與祕密通訊關聯很深刻。

將通訊內容經過特定的規則轉換成其他記號稱為「加密」；而將加密過後的數據還原成原本可以讀的狀態則稱為「解密」。到 1970 年代為止，使用的密碼是只要知道加密規則，就可以利用解密回推成原本的數據。例如，西元前 1 世紀凱撒所使用的密碼，是將字母按照固定的順序位移，因此只要將字母的順序反方向逆推回去，就可以解密了。所以，如果加密的規則被敵軍知道的話，通訊祕密就全部洩漏了。不只是有加密的規則被偷的例子，也有光是靠傳送的訊息所出現的規則就破解密碼的例子。

1925 年左右，第二次世界大戰時，德軍使用的密碼機稱為「謎式密碼機」（又稱恩尼格瑪〔 Enigma 〕密碼機）。謎式密碼機是利用複雜的齒輪結構變換字母順序，而且每次使用時，字母變換的規則都不相同，被認為是不可能破解的密碼。

不過，每天早上，為了讓機器在傳送加密過的變更初期設定的方法時不發生錯誤，謹慎的德國軍人都會發出兩次相同的訊息。波蘭軍情局的年輕數學家馬里安‧雷耶夫斯基（Marian Rejewski）利用被稱為群論的數學理論，破解了這個會在每天早上最一開始先重複兩次的訊息，因此破解了密碼機的齒輪構造。1939 年，當德軍對波蘭

圖 4-1 南京鎖

的侵略愈來愈近，波蘭軍情局長官覺悟到不可能保護祖國，於是召集了英國以及法國的情報軍官到華沙，告訴他們謎式密碼機的祕密。英國的政府密碼學校（GC&CS）根據這份情報，成功解讀德軍的通訊機密，對於同盟國的勝利有重大貢獻。

各位可能會覺得，只要加密規則被發現的話，就有可能依照同樣的規則破解密碼，這似乎是將文件加密時無法避免的問題。但是，這個問題是可解決的。想到答案的是美國的惠特菲爾德‧迪菲（Whitfield Diffie）及馬丁‧赫爾曼（Martin Hellman）。這是1976 年左右的事情，為了說明他們的發想，先來說說南京鎖（鑰匙鎖）吧。

南京鎖是一種只要將上面的環壓入鎖的本體就會自動鎖住的鎖，不管是誰都可以簡單上鎖。不過，一旦南京鎖被鎖上了，只有持有鑰匙的人，或是有特殊開鎖技巧的人才能將鎖打開。雖然知道上鎖的方法，卻無法得知開鎖的方法。就南京鎖而言，上鎖的知識對於開鎖沒有任何幫助。

迪菲及赫爾曼他們想著，難道不能有像南京鎖這樣，即使知道加密規則也無法輕易解密的方法嗎？如果知道規則也無法解密的話，那加密的規則也就不需要保密，於是就能夠將加密的規則公開，不管是誰都可以將通訊內容加密了。就好像將南京鎖傳送到世界，不管是誰都可以幫忙傳送被南京鎖鎖住的信件。雖然南京鎖是公開的，但是只要將開鎖的鑰匙放在手邊不要被偷走的話，在通訊過程中沒有人可以打開鎖。同樣地，雖然公開了加密的規則，只要解密的規則沒有公開的話，就可以守護通訊祕密了。這就是迪菲及赫爾曼的想法。實現了這個公開金鑰密碼概念的，就是現在網路交易時使用的 RSA 密碼。

7 「公開金鑰密碼」的鑰匙──歐拉定理

要說明 RSA 密碼之前，先介紹一下歐拉定理吧。這是將第五節證明的費馬小定理一般化的定理。費馬小定理是指，如果 p 是質數，無論任何自然數 n，$n^p - n$ 一定能被 p 整除。再看一次第五節的表吧。

n 的值	1	2	3	4	5
n 除以 5 的餘數	1	2	3	4	0
n^4 除以 5 的餘數	1	1	1	1	0
n^5 除以 5 的餘數	1	2	3	4	0

根據這個表，將 n 除以 5 與將 n^5 除以 5 的餘數是相等的，這就是費馬小定理。難道沒有其他有趣的規律了嗎？看看「n^4 除以 5 的餘數」那行，除了右邊之外，其餘的數字都是 1。右邊是 n 為 5 的倍數的情況，也就是說，當 n 不是 5 的倍數時，n^4 除以 5 會餘 1。一般而言，當 p 是質數、n 不是 p 的倍數時，n^{p-1} 除以 p 時，餘數為 1。

$$n^{p-1} = 1 + （p \text{ 的倍數}）$$

這可以從費馬小定理推導而來。雖然費馬小定理是指 $n^p - n$ 能被 p 整除的關係式，但是因為：

$$n^p - n = n \times (n^{p-1} - 1)$$

如果，當 n 本身不是 p 的倍數，也就是說，n 無法被 p 整除，那麼 $n^{p-1} - 1$ 應該能夠被 p 整除。因此 $n^{p-1} = 1 + （p$ 的倍數）。也有人認為這個關係式才是費馬小定理。

　　第二話跟第三話中都提過的 18 世紀數學家歐拉，將這個費馬小定理擴大應用。費馬小定理是計算除以質數 p 的餘數；而歐拉定理則是計算將 n 被一般的自然數 m 除時的餘數。m 不是質數也沒有關係，只要 n 跟 m 之間沒有 1 以外的公因數就可以。也就是說，n 跟 m 的最大公因數是 1。這時候，n 跟 m 稱為「互質數」。

　　將與 m 互為質數，且小於 m 的自然數 n 的個數寫成 $\varphi(m)$，當 p 跟 q 是不同質數的時候，就成為

$$\varphi(p) = p - 1$$
$$\varphi(p \times q) = (p - 1) \times (q - 1)$$

　　這個函數 $\varphi(m)$，又稱為歐拉函數。歐拉定理認為，自然數 n 跟 m 相互為質數的時候，具有下面的關係式。

$$n^{\varphi(m)} = 1 + (m\ 的倍數)$$

　　例如，當 $m = p$ 是質數的情況，因為 $\varphi(p) = p - 1$：

$$n^{p-1} = 1 + (p\ 的倍數)$$

這就是費馬小定理。歐拉定理在 m 是質數的情況下，就會成為費馬小定理。

　　公開金鑰密碼所使用的，是當 m 為兩個質數 p 與 q 的乘積，也就是 $m = p \times q$。在這個時候，因為 $\varphi(p \times q) = (p - 1) \times (q - 1)$，因此自然數 n 不被質數 p 及 q 整除的話，下面的關係式就能成立。

$$n^{(p-1) \times (q-1)} = 1 + (p \times q\ 的倍數)$$

例如，假設有兩個質數 $p = 3$、$q = 5$ 而 $m = p \times q = 15$，$\varphi(3 \times 5) = (3\text{-}1) \times (5\text{-}1) = 8$，$n$ 與 15 互相為質數的話，則應該是

$$n^8 = 1 + （15 \text{ 的倍數}）$$

請各位用 $n = 7$ 代入試試看。

使用歐拉定理的話，就可以發現數字的有趣性質。例如，歐拉定理可以證明 9、99、999 這些 9 排成的數，利用質因數分解的話，會出現除了 2 跟 5 之外的質數。

下一節要使用歐拉定理說明加密原理，先做些準備工作吧。根據歐拉定理，如果自然數 n 無法被質數 p 及 q 整除，那麼就存在下列的關係式：

$$n^{(p\text{-}1) \times (q\text{-}1)} = 1 + （p \times q \text{ 的倍數}）$$

如果乘上 s 次方，因為 $1^s = 1$，就成為：

$$n^{s \times (p\text{-}1) \times (q\text{-}1)} = 1 + （p \times q \text{ 的倍數}）$$

再乘一次 n，就成為：

$$n^{1 + s \times (p\text{-}1) \times (q\text{-}1)} = n + （p \times q \text{ 的倍數}）$$

也就是說，不管 n 是怎樣的數，只要 n 無法被質數 p 及 q 整除，$n^{1 + s \times (p\text{-}1) \times (q\text{-}1)}$ 除以 $p \times q$ 的餘數，就會還原成 n。

那麼，就來應用在公開金鑰密碼上吧。

8 信用卡號碼的傳送與接收

加密技術在網路購物或是銀行的帳戶管理、甚至是身分證都經常被使用。將網路上的資訊加密之後送信、收信的過程稱為 SSL（Secure Socket Layer）。網頁的 http://www. …，就是遵從 SSL 通訊協定來收發訊息。

如果使用公開金鑰密碼的話，不管是誰都可以將信用卡之類的個人隱私資訊加密之後，利用網路傳送。然而，知道該怎樣解讀的，只有知道解密規則的收信人。實現這件事的，就是由羅納德‧李維斯特（Ron Rivest）、阿迪‧薩莫爾（Adi Shamir）以及倫納德‧阿德曼（Leonard Adleman）三人的姓名開頭字母組成的 RSA 密碼。

RSA 密碼，是依照下列順序進行的。

（1）密碼的接受者——假設是亞馬遜購物網站好了——為了製作公開金鑰，先選擇兩個非常大的質數，假設是 p 及 q。

（2）亞馬遜網站也選擇了與 $(p-1) \times (q-1)$「互為質數」的自然數 k。舉例來說，當 $p=3$、$q=5$ 的話，因為 $(p-1) \times (q-1) = 8$，所以假設選了 $k=3$ 為 8 的互質數。

（3）亞馬遜計算 $m = p \times q$，並且告訴你 m 以及 k。這就是公開金鑰。然而，卻不跟你說 m 的質因數 p 及 q 是什麼數字。所以你只知道兩個質數的乘積。以現在的例子的話，$m = p \times q = 15$。因為這數字實在太小了，馬上就能知道 15 的質因數是 3 跟 5。實際上使用的 RSA 密碼大概是 300 位位數的數字，不可能進行質因數分解。

（4）你將信用卡密碼之類想要傳送的資訊轉換成自然數 n。要注意

一點，n 要小於 m，並且 n 及 m 為互質數（因為 m 是將近 300 位位數的天文數字，所以不會太難找到 n）。

（5）你使用從亞馬遜來的情報 (m, k)，將 n 加密。加密的規則是：計算 n^k，接著除以 m，計算除以 m 之後的餘數。將餘數寫成 α。也就是：

$$n^k = \alpha + (m \text{ 的倍數})$$

你將這個 α 做為密碼，利用網路傳送給亞馬遜。例如，$n = 7$ 的話，就計算 $7^3 = 343 = 13 + 15 \times 22$，所以 $\alpha = 13$。

（6）亞馬遜收到密碼 α 之後，開始將 n 解密。

第（6）項就是 RSA 密碼的重點。亞馬遜應該要解決的問題是「有一個不知道是什麼的數 n，當 n^k 除以 m 而餘數是 α 時，n 是多少呢？」。如果沒有「除以 m，而求餘數」這一個步驟的話，問題就會變得比較簡單。如果只是 $n^k = \alpha$ 的話，那麼只要計算 α 的 k 次方根就好。

一般計算 k 次方根時，可以逐漸逼近正確答案。例如，當 $n^3 = 343$ 時，想知道 n 的時候，首先，先任意地推測一下，假設 $n = 5$，$5^3 = 125$ 似乎有點太小了。那麼，稍微增加一點，$n = 9$ 試試看，這次 $9^3 = 729$ 又太大了。當 n 增加，n^3 也增加；當 n 減少，n^3 也減少，$n = 5$ 太小而 $n = 9$ 太大，所以正確值一定就在 5 跟 9 之間。反覆計算幾次之後，就可以得到 $n = 7$ 的正確答案。

但是，當加入「除以 15，計算餘數」這個步驟之後，問題突然變得難上加難。除以 15 而有餘數代表著，當餘數從 1、2、3 直到 15 時，也就是 0，之後又會再從 1、2、3 開始。即使 n 增加了，不代表

n^3 除以 15 的餘數會增加。實際上，與 15 互為質數的 n 有 $n = 1$、2、4、7、8、11、13、14，計算 n^3 之後除以 15 的餘數是 1、8、4、13、2、11、7、14，這些餘數的排列方法，似乎沒有簡單的規律性。因此，即使知道「n^3 除以 15 的餘數」，要計算 n 的值也很困難。像 15 這樣小的數字，還可以從頭到尾算過一次，如果是 300 位數的數字，應該只能舉雙手投降了。

但是呢，亞馬遜卻可以很輕鬆地解決這個問題。因為他們知道 m 是 p 及 q 的乘積這件事。使用這項資訊的話，就可以決定「魔法數字」γ。這就是解開密碼的鑰匙。對於不知道是什麼數的 n，只要知道：

$$n^k = \alpha + （m 的倍數）$$

利用魔法數字 γ，就可以知道：

$$\alpha^\gamma = n + （m 的倍數）$$

也就是說，從密碼 α 可以推算回原本的數 n。

舉例來說，當公開金鑰 $m = 15$、$k = 3$ 的時候，因為 $7^3 = 13 + （15 的倍數）$，將 7 密碼化的話，就變成 $\alpha = 13$。於是，你把這個數字傳送給亞馬遜。這個時候，魔法數字就是 $\gamma = 3$。亞馬遜知道這個數字。因此，他收到密碼 13 之後，計算 $13^3 = 7 + （15 的倍數）$。將密碼 13 做 3 次方運算之後，除以 15 的餘數為 7，於是，加密之前的資訊 $n = 7$ 就被復原了。

亞馬遜要怎樣找到魔法數字 γ 呢。本來 α 是由：

$$n^k = \alpha + （m 的倍數）$$

計算而得知的數，魔法數字成為 γ 這件事情就表示：

$$\alpha^\gamma = n + (m \text{ 的倍數})$$

也就是說：

$$(n^k)^\gamma = n^{\gamma \times k} = n + (m \text{ 的倍數})$$

這時候，回想一下歐拉定理吧。如果 n 不能被 p 或 q 整除，那麼就符合下列方程式。

$$n^{1 + s \times (p-1) \times (q-1)} = n + (m = p \times q \text{ 的倍數})$$

這兩個式子看起來很像呢。不管哪一個都是計算 n 的次方之後，就能恢復 n 的式子。所以，如果選擇一個適當的 γ，讓 $\gamma \times k = 1 + s \times (p - 1) \times (q - 1)$ 的話，就可以解開密碼了。

這時候的重點是，k 及 $(p - 1) \times (q - 1)$ 要「互為質數」。這時候，一定存在自然數 γ 及 s，使得：

$$\gamma \times k = 1 + s \times (p - 1) \times (q - 1)$$

例如剛剛的例子，$k = 3$，$(p - 1) \times (q - 1) = 8$，與這兩個數互為質數，因此假設 $\gamma = 3$，$s = 1$：

$$3 \times 3 = 1 + 1 \times 8$$

密碼 α 是由下面的方程式決定的：

$$n^k = \alpha + (m \text{ 的倍數})$$

如果像這樣使用 γ 的話，就能夠利用

$$\alpha^{\gamma} = n^{k \times \gamma} + (m\,的倍數) = n^{1 + s \times (p\text{-}1) \times (q\text{-}1)} + (m\,的倍數)$$
$$= n + (m\,的倍數)$$

於是，從密碼 α 就可以解密恢復原本的 n 了。而這個 γ，就是亞馬遜的魔法數字。

　　只要無法計算天文數字的質因數分解，RSA 密碼系統就不可能被破解。即使利用現在廣為人知的演算法，計算 N 位數自然數的質因數分解所花費的時間仍然與 N 呈指數函數的關係。例如，2009 年，有一個團隊完成了 232 位數的質因數分解，但是據說他們利用了數百台平行電腦，花了兩年時間才完成計算。如果，發現了完成質因數分解只需要 N 位數的 N 次方時間的演算法的話，使用 RSA 密碼作為公開金鑰的系統都會被破解，應該會造成網路經濟大混亂吧。

　　實際上，雖然還沒有實現，但是已經知道如果能做出使用量子力學的「量子電腦」的話，N 位數自然數的質因數分解，應該只需要 N 次方時間就能完成。1994 年，麻省理工學院的數學家彼得‧秀爾（Peter Shor）發現了一種計算質因數分解的演算法，只需要 N 位數自然數的 N^3 計算次數就能完成。只是，「量子電腦」目前仍然處於理論的階段，實際上依然無法做到。

　　另一方面，如果利用量子力學的原理，也有可能做出跟 RSA 相異的通訊密碼。「量子密碼」的方法是，如果密碼被中途攔截並且解密的話，不論藏得多隱密，都一定會被發現。只要量子力學是正確的，就不可能竊取通訊訊息。不管是「量子電腦」或「量子密碼」被開發出來，應該都會對通訊安全造成很大的改變。

這一話所提到的許多證明及定理，證明了質數有無限多個，也證明了質因數的分解法只有一種，還有費馬小定理以及歐拉定理，這些都是著迷於自然數以及質數性質的數學家們，因好奇而發現的。而這些定理卻在現代的網路經濟中扮演非常重要的角色，這真是令人感觸良多。

　　在 1995 年，證明出將近四個世紀都沒有解開的費馬最後定理；而在 2013 年，對於孿生質數的證明有很大進展。另外，應用歐拉定里而產生的 RSA 密碼是在 1977 年發明的，而有效判定質數的方法是 2002 年發明的。雖然對自然數的研究已長達數千年，然而，對於自然數性質的理解以及應用開發，直到現在仍持續發展中，而且尚未解決的謎題依然很多。

　　19 世紀美國的哲學家詩人亨利‧大衛‧梭羅（Henry David Thoreau）曾經寫過：「雖然數學被喻為詩一般的存在，但是其中的大多數都尚未被歌詠。」對於質數，應該從現在開始會有許多的詩歌詠頌吧。然後，就會像根據歐拉定理所產生的 RSA 密碼在網路經濟上的運用一般，質數的新發現也可能對未來的生活產生重大的變革。

註：父親在哼一首由加藤和也教授寫的質數之歌
http://www.chem.konan-u.ac.jp/PCSI/web_material/math_kato.pdf

第五話
無限世界與不完備定理

序 歡迎光臨「加州旅館」

美國搖滾樂團「老鷹合唱團」於 1976 年發行了一張名為《加州旅館》（Hotel California）的專輯，其中的主打歌以一間位於南加州的假想旅館為舞台背景。因為在沙漠中的高速公路開車而疲累的主角，經站在入口處的女性介紹向走廊走去，聽到了從走廊深處傳來的聲音。

歡迎來到加州旅館。加州旅館有非常多房間。一年之中無論何時，都有空房間等候您的光臨。

經理（簡稱為經）　歡迎光臨加州旅館，我是經理大衛‧希爾伯

特。我們旅館在一年之中無論何時都有空房間。為什麼呢？因為我們的房間數是無限的。請看！請看走廊。每間房間都有編號。1、2、3……。這個編號是永無止盡、一直延續下去的。客人您應該很累了吧。客房服務員，趕快幫客人準備空房間。

客房服務員（簡稱為員）　經理，不可以做那樣的承諾呀。今天已經客滿了。已經沒有辦法再收客人了。

經　關於這點你不用擔心。館內播音的麥克風借我一下。（拿起麥克風）「很抱歉打擾到各位的休息時間。麻煩請各位客人往下一間房間移動。1 號房的客人請移到 2 號房，2 號房的客人請移到 3 號房。」

員　這樣 1 號房就空出來了。

經　現在請新客人住到那間房間吧。加州旅館最主要的賣點就是一年四季無論何時都有空房。

員　啊！來了一輛觀光遊覽車。上面寫著「自然數旅遊」。

經　有多少位客人光臨呢？能不能數一下呢。

員　1、2、3……。永無止盡，數不完呢。客人好像是所有的自然數，有無限位客人。旅館現在客滿了。如果是一位或兩位客人那還好說，現在有無限位客人，住不下了呀。

經　不要驚慌。只好再廣播了。「很抱歉打擾到各位的休息時間。各位顧客，麻煩請各位往偶數號的房間移動。1 號房的客人請移到 2 號房、2 號房的客人請移到 4 號房、3 號房的客人請移到 6 號房。謝謝各位的配合。」

員　1 號房、3 號房、5 號房、…，奇數號房的房間都空出來了。

經　請遊覽車的客人按照順序進入房間吧。1 號客人請到 1 號房、

2 號客人請到 3 號房、n 號客人請到（$2n - 1$）號房。這樣的話，遊覽車裡的所有自然數客人都分配到房間了吧。加州旅館的賣點就是一年到頭無論何時都有空房。

員　經理！這次來了好幾輛寫著「自然數旅遊」的遊覽車。

經　有幾台呢？能不能數一下。

員　1、2、3……。無窮無盡，根本數不完。而且，每一輛遊覽車上都有無限位客人。這麼多位客人，旅館住不下了呀。

經　不要驚慌。根據到達的順序，幫遊覽車編號為 1、2、3……。然後，跟剛剛一樣，廣播吧。

員　跟剛剛一樣，奇數號的房間都空出來了。但是，這樣的話，只能住一輛遊覽車的數目的客人呀。

經　不要緊張。遊覽車上的客人，應該每個人都有兩個編號吧。一個是遊覽車的編號，另一個是自己在那輛遊覽車上的編號。例如，3 號車的第 5 位客人就有一組（3, 5）的編號。

員　可是，經理，這樣光是第一輛遊覽車的客人就住滿了呀。

經　如果像剛剛那樣的排法，的確住不下。各位乘客，請按照這樣的順序排好。

1號巴士	2號巴士	3號巴士	···
(1,1)			
(1,2)	(2,1)		
(1,3)	(2,2)	(3,1)	
···	···	···	···

員　2 號遊覽車的客人往後退一位、3 號遊覽車的客人往後退兩位，按照這樣的順序排隊，是嗎？

經　沒錯。等客人們排好之後，就按照這樣的順序，發新的號碼牌給他們。

1號巴士	2號巴士	3號巴士	…
[1]			
[2]	[3]		
[4]	[5]	[6]	
…	…	…	…

員　按照第一列、第二列……的順序，然後每一列從左到右依序發新的號碼牌，是吧。

經　這樣的話，每一位客人都能有一個新的號碼牌了。按照這個新的號碼牌分配房間就好了。已經住宿的客人全部都移動到偶數房間，所以全部的奇數房間都空出來了。拿到 [1] 號的客人請住到 1 號房，拿到 [2] 號的客人請到 3 號房。[n] 號的客人，請住到（$2n - 1$）號房就可以了。

員　無限輛遊覽車的客人，全部都有房間住了。

經　加州旅館的賣點就是一年到頭、無論何時都有空房間。

員　又來了一輛遊覽車。這次寫著「有理數旅遊」。

經　不要緊張。加州旅館無論何時都有空房間。

員　這次的客人是分數。

經　是所有的分數嗎？

員　是的。分數的話，光是 1 跟 2 之間，就有無限多個。好像比我們的房間編號 1、2、3 還要多很多啊，這樣沒關係嗎？

經　不用擔心。剛剛擁有遊覽車編號以及遊覽車內自己編號的客人們，都順利入住了嗎？

員　是的。（1, 2）的客人是 [2]、（2, 3）的客人是 [8]，像這
樣給了新號碼牌之後，全部的客人都按照新號碼牌的順序分到房
間了。

經　把分數想成是兩個數字的組合就可以了。例如，1/2 就想成
是（1, 2）被分到 [2] 號、2/3 就想成是（2, 3）被分到 [8] 號，
照剛剛的分配方法就可以了。

員　可是，因為 1/2 = 2/4，這樣 1/2 這位客人就會收到（1, 2）
= [2] 及（2, 4）= [12] 兩張號碼牌了。這樣說來，1/2 = 3/6
= 4/8 = 5/10 =……，還有很多重複的呢。

經　重複的房間，就讓它空著吧。

員　這間旅館真的很厲害呢。不僅能讓全部的分數住進去，甚至
還有空房間呢。

經　已經很晚了，讓我休息吧。之後就拜託你了。

員　我知道了。不管來了多少客人，只要按照順序分派 1、2、3
的號碼牌就好了。如果可以順利分配房間的話，經理或許會對我
刮目相看吧。客人怎麼不早點上門呢。

領隊（簡稱領）　很抱歉這麼晚了。我是實數旅遊的領隊。

員　太好了，終於來了……。歡迎光臨加州旅館！

領　那個，參加旅遊的客人們是實數。

員　實數，就是第二話的時候提到過的實數是吧。除了 1、2、
3……的自然數之外、還有 1/2、2/3 等等的分數、$\sqrt{2}$、π、e 等
等的無理數也全部都包含在內，是嗎？

領　可以想成直線上所有位置的數就可以了。拜託請讓我們全部
的人都能入住吧。

員 包在我身上。我們這間旅館，一年之中任何時候都有房間。因為我們有無限多間房。就算所有的分數住進去之後都還有多的空房間呢。那麼，我來分派自然數號碼牌了。

《第二天早上》

員 經理，糟糕了。公平交易委員會的審查官格奧爾格‧康托爾先生來拜訪了。

經 唉呀呀，康托爾先生，今天到這邊來有什麼事情嗎？

審查官（簡稱審） 有顧客投訴你們廣告誇大不實。你們宣稱這間旅館一年之中無論何時都有房間是吧。

經 沒錯，如你所說。昨晚也是，自然數跟分數的所有客人都順利地住到房間了。

審 實數的顧客中，有人投訴說他沒有被分配到房間。

經 （朝向客房服務員）喂、你，該不會實數旅遊的顧客大駕光臨了吧？

員 請別擔心，我有好好接待他們了。分配了自然數號碼牌之後，大家都有分到房間了。要看一下住宿紀錄本嗎？

審 全部都看的話工程太浩大了，讓我看看從 0 到 1 之間的客人們的房間分配吧。

員 從房間號碼小的順序開始排，就是下面這樣。

$$0.24593\cdots$$
$$0.75307\cdots$$

$$0.81378\cdots$$

審　嗯，光是看到這個，就知道有客人一定沒被分到房間了。

員　啊！是哪位客人呢？

審　首先，將住宿紀錄本中記載的顧客中小數點以下的數目，依順序圈起來。

$$0.②4593\cdots$$
$$0.7⑤307\cdots$$
$$0.81③78\cdots$$

圈起來的數字依序是 2、5、3，所以，請選一個跟 2 不相同的一位數、一個跟 5 不相同的一位數以及一個跟 3 不相同的一位數。

員　那樣的話，選 7、8、1，您覺得如何呢？

審　可以。那麼，利用這些數字能夠做成 0.781 的新數字，這應該是跟最初住宿在 3 間房屋的顧客是不一樣的數字。

員　嗯。0.781 的小數點以下第一位是 7，跟第一間房間的顧客的數字 2 不相同，小數點以下第 2 位是 8，跟第二間房間的客人的數字 5 也不一樣……。是的，這位客人跟任何一位客人的數字都不一樣。

審　如果住宿紀錄本中記載的顧客順序都用這個方法操作的話，應該就會有與記載在上面的顧客完全不相同的數字出現。那個數字的客人，就沒有被分配到房間。這樣不就是變成有顧客沒有房間了嗎？

員　真的萬分抱歉。是我發號碼牌的方法不對。如果用更好的方

法發號碼牌的話，說不定全部的客人都有房間可以住了。

審　不需要包庇經理。如果是全部的實數都來了，不管用怎樣的方法發號碼牌，房間一定不夠。經理似乎也知道實數旅遊的客人無法全部住進房間。

經　真的非常抱歉。事先沒想到在這麼偏遠的地方，實數的客人會大駕光臨。

審　這一次就先當做沒看到，你們還是把廣告換掉吧。因為自然數跟分數都有房間可以住，所以改成「只要是比『所有實數』要小的團體，一年之中任何時候都有房間」如何呢？

經　也只好這樣了。

《一年後》

員　經理，您有聽說嗎？康托爾審查官似乎被調職了。

經　發生了什麼事？

員　說來話長。似乎有飯店因為自然數跟分數的客人有房間住，而實數的客人無法全員入住而被舉發，但康托爾審查官對他們說，只要廣告改成「只要是比所有實數還要小的團體，一年之中任何時候都有房間」就可以了。

經　這不是跟我們飯店的情況一樣嘛，為什麼會變成調職的原因呢？

員　被康托爾審查官下令換廣告的旅館，居然來了哥德爾－寇恩（Gödel-Cohen）觀光的巴士，雖然是比實數還小的團體，但是卻無法全員入住。於是，他們就對強迫他們換廣告的公平交易委

員會提起訴訟了……。

　　我們的腦細胞是有限的，生存時間也是，本來應該只能思考有限的事物。然而，數學卻可以述說關於無限的事情，而提出了能夠用來描述「無限」的數學語言的，就是 19 世紀的德國數學家格奧爾格・康托爾（Georg Cantor）。康托爾發明了我們在學校學過的「集合」概念，也思考了要如何比較「集合」的大小。如果構成集合的要素（也就是元素）是有限的，只要計算元素的數目，就能夠比較集合的大小，但在集合的元素無限多的情況下，要怎樣比較大小呢？

　　康托爾的想法是，如果兩個集合的元素之間具有一對一的對應關係，就可以想成這兩個集合一樣大。在有限集合的情況下，只有元素的數目相等的時候，元素間才存在一對一的對應關係。他想做的就是把這個條件也應用在無限集合上。

　　例如，自然數的集合與偶數的集合之間具有一對一的對應關係。就像下面這樣，一個對應一個：

$$1 \leftrightarrow 2, 2 \leftrightarrow 4, 3 \leftrightarrow 6\cdots$$

　　一般而言，對自然數 n 而言，可以對應到偶數 $2 \times n$。這個對應關係，在請本該已經客滿的加州旅館中的住宿客人往偶數的客房移動時出場過一次。

　　此外，自然數的集合與分數的集合之間，也有一對一的對應關係。這個對應關係在分發自然數號碼牌給有理數旅遊的客人時也使用過。那個時候，雖然對應上會有重複，但是把重複的地方擠一擠，就可以成為一對一的對應關係：

$$1 \leftrightarrow 1/1, 2 \leftrightarrow 1/2, 3 \leftrightarrow 2/1\cdots$$

但是，康托爾卻發現了自然數的集合與實數的集合之間，沒有辦法用一對一的對應關係連繫起來。舉例來說，假設是這種對應關係

$$1 \leftrightarrow 0.24593\cdots, 2 \leftrightarrow 0.75307\cdots, 3 \leftrightarrow 0.81378\cdots,$$

那麼就可以做出一個跟右邊數字都不一樣的新數字，例如 0.781。回想一下剛剛提到的，將

$$0.\textcircled{2}4593\cdots$$
$$0.7\textcircled{5}307\cdots$$
$$0.81\textcircled{3}78\cdots$$

這些數字圈起來，按照順序選擇跟最初圈起來的 2、5、3 都不一樣的數字。假設選了 7、8、1，那麼就有一個新的數字 0.781。反覆進行之後就可以得到 0.781…的新數字，而且這個數字不會出現在對應表的任何地方。自然數與實數之間，不管怎樣製作對應表，一定會有對應表漏掉的實數。因為這個討論方法是將實數排成一列，向右下方斜斜地讀取小數點以下的數字，所以又稱為「對角線論證法」。

也就是說，雖然自然數的集合與分數集合的大小是相同的，但是實數的集合比這些集合都還要大。於是變成了即使是無限集合之間，彼此也存在大小關係。康托爾甚至還敘述了比實數集合更大的集合，以及比那個集合還要更大的集合，他闡明了無限集合具有無限階層的現象。

康托爾的研究引起了相當大的討論，以及許多數學家的批判。特

別是身為柏林大學教授、在德國數學界相當有權威的克羅內克，是批判康托爾的急先鋒。克羅內克說過「上帝創造了自然數。其餘都是人的創作」，因此除了使用像自然數這樣的有限的數的數學之外，他一概不相信。他認為康托爾數學是研究「人的創作」的實數，思考自然數的全體與實數的全體那樣的無限集合、比較這些集合的大小，實在是太人工了，所以非常厭惡。

針對這點，康托爾用了「數學的本質是自由」（Das Wesen der Mathematik ist ihre Freiheit）這句名言加以反駁。早期，就像古巴比倫或是古希臘時代為了測量土地而產生了幾何學、牛頓為了導出力學法則的公式而發明微積分，數學是為了能更加理解世界而發展。然而，到了 19 世紀，卻出現了「數學是為了研究數學本身」這樣的思想。只要合乎理論，不管研究對象為何都是能夠被接受的。數學從外部的世界獨立出來，成為一門乘著研究者本身的思想之翼，可以飛行到任何地方的「自由」的學問。雖然這是標準的現代純粹數學的想法，但是在康托爾活躍的 19 世紀卻被認為是異端邪說。

哥廷根大學的大衛・希爾伯特（David Hilbert）對康托爾的研究評價非常高，他曾經說過「沒有人能把我們從康托爾為我們創造的天堂中趕走」。

希爾伯特在 1900 年於巴黎舉辦的國際數學家大會中，提出了 23 道問題，其中大多數問題都對 20 世紀數學的發展有很大的影響。在 23 道問題當中，第一題就是針對康托爾猜想——「不存在比自然數集合大、比實數集合小的集合」——提出證明或是反證的問題。康托爾的這個猜想也被稱為「連續統假設」。

這個希爾伯特第一問，以一種意想不到的形式解決了。20 世紀

初，出生在奧匈帝國的哥德爾（Gödel）因為在 1931 年證明了稍後會提到的「不完備定理」而出名，他在第二次世界大戰時逃出德國，移居到美國。然後，在 1940 年剛就任普林斯頓高等研究所教授時，證明了康托爾的連續統假設與現代數學所使用的標準系統並不矛盾。然而，1963 年，史丹佛大學的寇恩（Cohen）證實了即使否定連續統假設，也不會與數學的標準系統產生矛盾。

把哥德爾的定理與寇恩定理合併，就變成無法證明連續統假設是否正確，連續統假設是對或錯，在數學的世界都不會產生矛盾。也就是說，有一個數學世界存在著「比自然數集合大、比實數集合小的集合」的集合，但是同時也有另一個數學世界不存在這樣的集合。剛剛提到的「加州旅館」的世界裡，就存在著「比自然數集合大、比實數集合小的集合」。

在無限之森的森林深處發生了許多違反我們的直覺、不可思議、看起來互相矛盾的事情。那是因為我們本來就生存在有限的世界，還不習慣用直覺去理解無限的事物。有限的我們想要正確地理解無限的話，就需要數學這項語言。這一話，就讓我們乘著數學的翅膀，鳥瞰無限之森吧。

1 無法認同「1＝0.99999…」嗎？

將數表示成小數形式的話，有時會在小數點之後有無限多的數字。例如，1 除以 3 會得到：

$$1 \div 3 = 0.33333\cdots$$

在 0 之後排了無數的 3。思考一下像這樣的「無限小數」吧。

第二話裡提到，除法是乘法的逆運算。除以 3 這件事情，就是乘以 3 的逆運算。如果這樣的話，

$$1 = (1 \div 3) \times 3$$

應該會得到這樣的算式。然後，將右邊計算一下就得到

$$(1 \div 3) \times 3 = 0.33333\cdots \times 3 = 0.99999\cdots$$

這個會與左邊相等，於是得到

$$1 = 0.99999\cdots$$

這樣算式就成立了。由「除法是乘法的逆運算」這樣的定義推導而來的這個算式，應該是正確的。但是，無法認同這個算式的人很多。左邊的 1 與右邊的 0.99999…，光是看起來就不一樣了，居然可以用等號連結，實在太不可思議。

如果無法認同 1 = 0.99999…的話，那麼這兩個數之間究竟相差多少呢？如同第二話提過的加法以及減法的基本規則，如果 $a - b = 0$ 的話，就成為 $a = b$。因此，如果 1 − 0.99999… = 0 的話，就不得不認同 1 = 0.99999…了。如果 1 − 0.99999…的結果不是 0 的話，又該怎麼辦呢？這時候，問題就變成 1 與 0.99999…之間的差到底是多少了。

稍微想一下就覺得，0.99999…這樣的無限小數的表示方法實在又臭又長。而且，「…」裡面到底有些什麼也不知道。身為有限的存在的我們，實在無法一口氣理解排列著無限個數字的「無限小數」。

於是，先想想我們可以理解的 0.9、0.99、0.999、0.9999 這樣的有限小數吧。像這樣把數字排成一列，就稱為「數列」。計算這個數列與 1 的差，就會像這樣。

$$1 - 0.9 = 0.1 = \frac{1}{10}$$

$$1 - 0.99 = 0.01 = \frac{1}{100}$$

$$1 - 0.999 = 0.001 = \frac{1}{1000}$$

$$1 - 0.9999 = 0.0001 = \frac{1}{10000}$$

$$1 - 0.99999 = 0.00001 = \frac{1}{100000}$$

各位應該能夠看出，隨著數列的增加，右邊的數值與零愈來愈接近。也就是說，1 與 0.99999…之間的差，會比任何的數都還要小。

隨著數列的增加，0.99999…就愈來愈接近 1。並且，與 1 的差也會愈來愈小。例如，這個數列第 3 行以下的數，與 1 之間的差都小於 1/1000。如果想要增加精確度，讓數值跟 1 之間的差小於 1/1,000,000 的話，只要找第六行之後的數值就可以了。不管要求精確度要到多精準，一定有某一行之後的數值可以充分滿足對精確度的要求。

各位應該知道，對數學而言，「定義」是很重要的一件事。特別是在思考無限這種憑直覺無法聯想到的事物時，定義更顯重要。到了 19 世紀，數學家開始深刻地思考關於無限的問題時，就必須對「極限」做確實的定義了。當有數列 a_1、a_2、a_3…時，這個數列會接近某

一個數「數 A」。在無論對精確度的要求有多精準，數列的某處開始往下的數字都可以滿足對精確度的要求時，就稱「這個數列的極限是 A」。這就是極限的定義。

舉例來說，數列 0.9、0.99、0.999⋯看起來似乎是往 1 的方向接近。無論對精確度的要求有多精準，一定會有一個從 n 開始之後的數 a_n、a_{n+1}、a_{n+2}⋯與 1 之間的差可以滿足所有對精確度的要求。因此，0.9、0.99、0.999⋯的極限是 1。這也就是「0.99999⋯ = 1」這個算式的意義。

2 阿基里斯追不上烏龜嗎？

將無限小數視為有限小數的極限，這樣的理解方法似乎有些多此一舉。不過，因為我們生存在有限的世界，永遠也無法捕捉到無限，只好先從有限的事物開始思考，然後將有限的極限視為無限，除此之外似乎沒有更好的方法了。關於無限的思考一直以來有很多謎團。其中大多是因為省略了極限這一步。前一節裡提到的等式，1 = 0.99999⋯也是這樣的例子。

明明是不同的數字但是卻相等，雖然會覺得這樣是詭辯，但是如果將右邊的「⋯」想成是「數列的極限」的話，這個等式就不會那麼不可思議了。1 = 0.99999⋯這個算式，代表了 0.9、0.99、0.999⋯這樣的數列，數列中小數點的位數愈多，就愈接近 1。

為了加深對無限以及極限的理解，來聊聊芝諾（Zeno）的悖論吧。芝諾是西元前 5 世紀時，居住在現在義大利拿坡里南邊埃利亞鎮（Elea）的哲學家，被譽為辯證法創始者。辯證法是指，在議論的過

程中，藉由明確指出意見不同之處，而讓真相大白的論證方法。根據柏拉圖的對話錄《巴門尼德篇》（*Parmenides*）中所描述的，芝諾與他的老師巴門尼德（Parmenides）造訪雅典時，年輕時的蘇格拉底聽了芝諾的授課，才學到了辯證法。

芝諾為了闡明當時哲學家對於「運動」的理解並不充足而提出許多悖論。其中特別有名的一個悖論就是「阿基里斯（Achilles）追烏龜」。

跑很快的阿基里斯是荷馬（Homer）史詩《伊利亞德》（*Iliad*）的主角。因為快到不能跟烏龜相提並論，為了方便說明，假設阿基里斯的速度是烏龜的兩倍。阿基里斯與烏龜比了一場賽跑。因為阿基里斯的速度實在太快了，所以優待烏龜，讓牠從起點起算後一公里的地方開始跑。

芝諾主張，在這樣的條件下，阿基里斯是無法追上烏龜的。他認為，當阿基里斯前進了一公里，到達烏龜的出發點的時候，速度只有阿基里斯的 1/2 的烏龜已經又比他更往前進了 $1/2 = 0.5$ 公里。於是，阿基里斯又前進 0.5 公里想追上烏龜，但是烏龜又比他多前進了 $1/2^2 = 0.25$ 公里。即使阿基里斯又前進了 0.25 公里，但是烏龜卻又到了他 $1/2^3 = 0.125$ 公里前。不管重複這個過程幾次，烏龜總是在阿基里斯的前面。這就是芝諾的論點。

假設「阿基里斯往烏龜的所在處前進 → 烏龜從牠所在的地方又更往前進了 1/2」這樣的過程稱為一次，重複 n 次之後，烏龜可以從最初的出發點往前進多少距離呢？第 n 次的話，烏龜只能前進 $1/2^n$ 公里。這樣的話，烏龜前進的距離就是從第一次到第 n 次之間，所有前進距離的總和，也就是：

$$a_n = \frac{1}{2} + \frac{1}{2^2} + ... + \frac{1}{2^n} \text{ 公里}$$

使用第四話出場過的數學歸納法的話，可以證明這個 a_n 能寫成：

$$a_n = 1 - \frac{1}{2^n}$$

當 n 愈大時，$1/2^n$ 就愈小，a_n 就會愈來愈接近 1。因此，即使這個過程重複無限次，最終烏龜也只能前進一公里。因為阿基里斯的速度是烏龜的兩倍，所以在這個過程中，前進了兩公里。最開始烏龜領先一公里，因此當烏龜前進一公里時，阿基里斯便前進了兩公里，因此阿基里斯在無限次後是可以追上烏龜的。在這之後，反而是阿基里斯在前面了。阿基里斯是可以追上烏龜且超越烏龜的。

當然，芝諾並不是真的認為阿基里斯無法追上烏龜。芝諾悖論的本意是希望各位能體認距離即使是有限的（在這個悖論的情況下就是烏龜所前進的一公里的距離），也可以分割成無限的間隔。

古希臘的數學家認為，線段的長度有一個最小單位，所有的長度測量都是以最小單位作為基本單位。如果從認為所有的物質都是由「原子」這個基本單位所形成的德謨克利特的原子論觀點來看，古希臘數學家有這樣的想法是很自然的事情。如果長度有最小單位，所有的線段長度都是最小單位的自然數倍。

這樣的話，任何線段彼此間的長度比，應該都可以用分數表示。第二話第七節提到的「正方形的邊長與對角線的比為$\sqrt{2}$，不能用分數表示」，這個發現與最小單位的概念產生了矛盾，在當時是個大發現。芝諾悖論認為有限的距離可以分割成無限的間隔，也展現了長度並沒有最小單位的觀念。

古希臘的數學家非常重視縝密的推論，所以避免直接討論無限。但到了中世紀時，學院哲學的盛行使抽象的議論方法也變得發達，追求理論極限的阻力也減輕了，進入文藝復興時代的歐洲，再一次挑戰無限。這也與 17 世紀時牛頓與萊布尼茲發現微積分有所關聯。18 世紀到 19 世紀，在許多數學家的努力下，無限終於經得起數學上的縝密推論。

3 「現在，我正在說謊。」

　　19 世紀解開了無限的性質之後，重新思考數學的基礎就變得非常重要。那時候，作為參考範本的，就是歐幾里德的幾何學。歐幾里德從「兩點之間可以用直線連結」、「所有直角彼此相等」等五個規則開始，經由理論性的推論，解開圖形的性質。像這樣成為推論基礎的規則，就稱之為「公理」。而將公理集合成的系統，稱為「公設系統」。

　　但是，歐幾里德的幾何學仍然有些不完整的地方。舉例來說，歐幾里德定義「點就是一個沒有大小的事物」，但是從現代數學的角度來看，這樣並不能稱為定義。此外，歐幾里德某些公理的描述也顯得不夠嚴謹。因此，希爾伯特將他在 1898 年至 1899 年間於哥廷根大學所講授的課程「歐幾里德幾何學」嚴密審訂之後，寫成《幾何學基礎》這本書，完成了更為嚴謹的公設系統，並且證明了「如果使用數的概念，他所統整的公設系統就沒有矛盾」。那麼，接下來的問題就變成「數的世界裡有沒有矛盾」了。

　　希爾伯特想整頓的不只有歐幾里德幾何學，他還想整頓包括數的

體系的數學整體基礎。

當時的數學家，也試著用公理作為基礎來構築數的世界。例如，義大利的數學家朱塞佩・皮亞諾（Giuseppe Peano）為了定義自然數思考了五項公理。自然數由 1 開始，接著下一個數是 2，再下一個數是 3，就能一個一個定義下去。將這個加以精確化的就是皮亞諾公理。

皮亞諾公理的第一公理到第四公理是為了決定自然數由 1 開始依序製作下去的公理，也可以說是定義了自然數的集合。接著，第五公理提到了自然數的集合中，可以使用「數學歸納法」。之前第四話為了證明費馬小定理而使用了數學歸納法，「就好像推倒骨牌那樣證明」寫得彷彿是理所當然一般，實際上，是否可以使用數學歸納法，必須要用公理佐證。

自然數的公設系統中沒有矛盾嗎？如同本話開頭的序中寫到的，希爾伯特在 1900 年提出的 23 道問題中，第一題就是，證明康托爾的「連續統假設」。接著的第二題，希爾伯特提出了「證明算術公理的無矛盾性」這樣的問題。

在希爾伯特以前的學者認為，數學是為了探究自然而造出的工具。相對於此，希爾伯特認為，數學的公設系統本身就是一個研究對象，這個想法為數學打開了新的方向，這就是「超數學」（也稱為元數學，Metamathematics）。當然，即使被稱為超數學，也必須以某些公設為基準。因此，希爾伯特思考著利用公設系統本身去證明公理系統的「整合性」，也就是根據這項公理推論之後是否不會引起矛盾。將這個問題代入到數的體系就是「希爾伯特第二問題」。

然而，用自己本身的理論來推論證明自己，這是一項很危險的工作。從古希臘時代開始，關於這一點就被批評有「自我指涉的悖論」。

西元前 4 世紀的哲學家埃庇米尼得斯（Epimenides）就思考出這樣一項悖論：

　　　　現在，我正在說謊。

　　這個主張是矛盾的。所謂的主張 A 是「矛盾」的意義是，可以從 A 導向別的主張 B，也可以導向否定 B，無論是肯定 B 或否定 B 都說得通，就稱為矛盾。如果將埃庇米尼得斯的主張當做主張 A，那麼就可以導向 B：「埃庇米尼得斯正在說謊」。但是，如果埃庇米尼得斯真的正在說謊的話，那麼主張 A 本身就是一個謊言，於是就可以推導出否定 A 的 B：「埃庇米尼得斯並沒有說謊」。因此，埃庇米尼得斯的主張是矛盾的。這就是「自我指涉的悖論」。

　　自我指涉的悖論有一個簡單的解決方法——將之理解為「沒有意義的主張」就可以了。舉例來說，「現在，我正在說謊」這句話，不管是誰都可以輕易地讀出來。但是，這一句話是不合邏輯的，因此不是真也不是假，是不具意義的。自我指涉的文章可能不具意義，悖論這樣告訴我們。

　　這樣一來，好像變成在玩文字遊戲了，但是這關係到有名的「哥德爾不完備定理」。古希臘時期的悖論，跨越了兩千年的時空，給了希爾伯特充滿野心的計畫致命一擊。

4 「不在場證明」是「反證法」

　　要說明希爾伯特計畫因為牽涉到自我指涉的悖論而無法成功，得

說明「反證法」這項想法。

據說，創造辯證法的芝諾從他的老師巴門尼德那習得成為辯證法基礎的「排中律」。排中律是指，所有的主張只能從「正確的」以及「不正確的」這兩者中選擇一個。而反證法就是使用排中律來證明數學定理的方法。柏拉圖的《巴門尼德篇》中記載，在聽完芝諾的演講之後，蘇格拉底與芝諾以及巴門尼德一起討論，芝諾順勢引導出了反證法。

想要證明某個定理是正確的時候，故意先假設那個主張是不正確的。如果在那樣的假設之下會引導出矛盾的情況，「不正確的」這個假設就成為錯誤的。根據排中律，主張只有「正確的」以及「不正確的」這兩種類型，因此如果否定主張會造成矛盾的結果，那麼該項主張應該就是正確的。這就是反證法的理論原理。

反證法常在推理小說或是犯罪搜查時的「不在場證明」使用。不在場證明是指，發生犯罪行為時，嫌疑犯在別的地方、不在犯罪現場的證據。為了要證明「嫌疑犯是無罪的」，先假設「嫌疑犯有犯罪事實」。這時候，如果嫌疑犯在犯罪行為發生時，具有在別的場所的證明的話，就造成矛盾了。代表嫌疑犯並沒有犯罪，也就是無罪，這就是所謂的不在場證明。

5 這就是哥德爾不完備定理！

希爾伯特企圖證明數學體系的整合性，建立數學整體的基礎。不過，這是一項非常困難的計畫。在巴黎的國際數學家大會發表了 23 道問題之後 30 年，1930 年希爾伯特在柯尼斯堡（現在是俄羅斯的一

部分，稱為加里寧格勒）召開的德國科學醫學總會上，用收音機發表了下面這段話。

> 我們不可以相信那些利用哲學性的表達方式或是很偉大的口吻宣傳文明的衰退或是不可知論的人。不可知的東西並不存在，我認為對於自然科學而言，不可知簡直是不可能的。對於愚蠢的不可知論，我要提倡這件事：我們必須知道。我們必將知道。

最後的「我們必須知道。我們必將知道。」（Wir müssen wissen, wir werden wissen.）這段話也刻在位於哥廷根的希爾伯特墓碑上。

然而，在前一天召開的小組會議中，哥德爾（Gödel）發表了一項證明，他證明了希爾伯特計畫是不可能實現的。這就是有名的「不完備定理」。這個定理有兩個版本，先來看看第一個版本。

> 第一不完備定理：假設有個包含自然數及其運算的定理，是可以透過有限個數的文字表示且沒有矛盾的話，一定存在一個關於自然數的主張，是無法單靠這個定理證明、反證的。

雖然哥德爾不完備定理是 20 世紀數學最重要的成果之一，但是，很少有數學定理像這個定理一樣被誤解得如此嚴重。不過，這個證明的想法卻不困難。

為了解說不完備定理的證明，首先，先來聊聊關於電腦程式的

「停止問題」。雖然這是將不完備定理轉換成電腦的語言，但是這樣反而比較容易了解。

在電腦實用化之前，1936 年，英國的艾倫・圖靈（Alan Turing）思考著關於假想的計算機的問題。圖靈對於第四話中提到的德軍暗號機「謎」的破解很有貢獻而廣為人知。被稱為「圖靈機」的抽象計算模型，是經由規定的方法操作記錄在記錄用紙帶上的記號。現在使用的電腦的基本動作，都是延續著這個圖靈機的原理。

那麼，來說明「停止問題」吧。當電腦在執行程式時，最重視的是完成計算大概需要花費多少時間。如果程式進入無限循環，那程式可能永遠也結束不了。這時候就出現了一個疑問：「有沒有程式可以不實際執行，利用有限步驟就能夠判斷程式能不能在有限的時間內停止、顯示出答案呢？」這就是程式的「停止問題」。

圖靈證明了，程式停止問題的答案是──「沒有」。判斷程式到底會不會停止的程式並不存在。圖靈使用了「反證法」證明這個定理。

〔證明開始〕為了使用反證法，假設「真的存在可以判定程式停止的程式」。也就是說，將另一個程式 P 輸入到這個程式，就可以告訴我們程式 P 到底會不會停止。假設有這樣的停止判斷程式，就可以使用這個程式做出一個新的程式。也就是將程式 P 輸入停止判定程式：

（1）若判斷 P 是可以停止的，則繼續執行；

（2）若判斷 P 是無法停止的，則立刻停止執行。

雖然感覺這程式性格好像滿扭曲的，但總之只要有停止判斷程式，可以做出像這樣的程式。

那麼將這個程式本身再輸入這個程式，會發生什麼事呢？如果判定這個程式能夠停止，那麼根據（1）就不得不繼續執行。但是，如果繼續執行的話，根據（2），就不得不停止執行。這樣是互相矛盾的，所以應該不可能做出這樣的程式。〔證明結束〕

　　這就是自我涉及的悖論。圖靈的證明，利用了「有可以判定停止的程式」這樣的主張，使得隱藏著自我涉及的事物真相大白。如果有停止判定的程式的話，應該也能判定自己本身能不能停止。這與「現在，我正在說謊」這項主張產生的矛盾相同。因此，不可能有能夠判斷停止的程式，就是證明的論點。

　　當然，針對特定的程式，或許可以判斷該程式會不會停止。例如，有的程式構造相當簡單，一眼就可以看出來到底會不會停止。或者也可能實際執行程式後，發現一下就停止了。只是，如果執行後不停止的話，該怎麼辦呢？可能再過一段時間會執行完畢而停下來，也有可能就這樣一直執行下去停止不了，但因為得在有限的時間內做出判斷，不能永無止盡地等下去。圖靈的定理說明了，可以判斷所有的程式會不會停止的程式，是不存在的。

　　使用這項論點的話，也可以證明「一定存在著一個關於自然數的主張，是無法單靠這個定理證明、反證的」，這即是哥德爾第一不完備定理。這時又要利用「反證法」了。

　　〔證明開始〕先假設這項不完備定理是錯誤的。如此一來，就能夠反證「關於自然數的主張都是可以證明的」這件事。

因為圖靈機利用記錄著記號的紙帶操作，程式能不能停止的這項問題就能夠解釋成自然數的操作的主張。如此一來，程式可以停止的主張就可以證明或是反證。這時候，如果將這道流程當作程式，就會成為能夠做出判斷停止的程式。因為判斷停止的程式並不存在，這就形成矛盾。因為假設「第一不完備定理是錯誤的」會導致矛盾，就可以證明這項定理是正確的。〔證明結束〕

這就是第一不完備定理證明的概要，各位可能會覺得跟想像中有點不一樣。「無論是關於自然數的任何主張，都能夠證明，也能夠反證」的這項主張，跟「現在，我正在說謊」的這項主張一樣，都陷入了自我指涉的矛盾之中。

希爾伯特在柯尼斯堡的演講中提到，「在自然科學中，像『未知』這樣的事情，根本不可能存在」，在這項主張中，隱含著「能所有在數學之中的主張，都能確定到底是正確或錯誤」的信念。然而，哥德爾第一不完備定理卻打碎了這項信念。哥德爾的破壞力並不僅僅這樣而已。

雖然在這邊並沒有詳細說明，但是將這項圖靈定理的證明方法稍稍變更之後，也能夠證明下面的定理。

第二不完備定理：假設有個包含自然數及其計算的定理，是可以透過有限個數的文字表示且沒有矛盾的話，只使用這個定理，無法證明此公設系統本身無矛盾。

「包含自然數及其計算的公設系統不具有矛盾性」的這項主張，可置換成以自然數本身呈現。在第一不完備定理中，說明了「一定存在一個關於自然數的主張，無法單靠定理本身證明、反證」，而「公設系統中沒有矛盾」這項主張，就是這樣的例子，也就是第二不完備定理。希爾伯特希望能夠利用數學體系本身證明自己的一致性的目標，很遺憾的就這樣被證明無法達成了。

因為哥德爾不完備定理內容太過深奧，所以屢屢遭受誤解。批判後現代主義濫用科學的艾倫·索卡（Alan Sokal）及讓·布里克蒙（Jean Bricmont）合著《知識的騙局》（*Impostures Intellectuelles*），書中就寫道「哥德爾定理就是取之不盡的知識濫用之泉」。現在來評論一些常見的誤解吧。

第一不完備定理並不是主張「無法證明自然數的定理」，而僅僅是指「無法證明全部的定理」。實際上，已經有許許多多關於自然數的重要定理被證實了。

其次，錯誤引用「有著即使是真實的但卻無法證明的事實」的例子也很多，這個定理，並不是討論絕對的真實或虛偽。而僅僅是說「在一個公設系統」中無法判定真偽。也有即使在這個公設系統中無法證明，使用另一個公設系統就能夠證明的例子。例如，雖然費馬最後定理是由安德魯·懷爾斯（Andrew Wiles）所證明的（在理查·泰勒〔Richard Taylor〕的幫助下），但那卻是使用了非常高超的現代數學技巧，如果只用自然數的基本計算，也是無法證明的。

第一定理也好，第二定理也罷，都假設了公設系統中不存在矛盾。特別是在第二定理中，明明假設了公設系統中不存在矛盾，但是卻主張無法證明公設系統的無矛盾性，各位或許會覺得很奇妙吧。然

而，如果一開始是從「假設存在著矛盾」這點出發，無論是怎樣的主張都可以證明。例如，在整數的世界中，可以推導出 $1 \neq 0$，從這點出發，如果假設 $1 = 0$ 的話，就會造成矛盾。如果從這個矛盾的假設 $1 = 0$ 開始的話，就能夠證明任何的等式。例如，來證明 $125 = 91$ 看看吧。因為 $125 - 91 = (125 - 91) \times 1 = (125 - 91) \times 0 = 0$，將兩邊加上 91，就成為 $125 = 91$ 了。像這樣，如果是從有矛盾的公設系統開始，任何主張都可以推導。因此，也能夠證明公設系統本身是沒有矛盾的，也就是公設系統的無矛盾性。就是因為這個原因，不完備定理中，必須假設公設系統中沒有矛盾。

第二不完備定理並非主張數的體系中存在著矛盾。而是指，僅僅使用公理自己本身、透過有限的步驟，是無法證明公理的一致性的。實際上，我認為數學學者中，只有少數人會真的擔心自然數的公理中存在著矛盾。

如果想要證明某個公理的無矛盾性，就必須要思考建構一個比它更大的公設系統。如果有可以證明某個公理無矛盾的更大公設系統，就可以說大的公設系統比原本的公設系統「更強」。一般而言，同時有兩個公設系統的情況，很難判斷這兩個公設系統是不是相等。然而，如果是滿足不完備定理條件的兩個公設系統，而使用其中一個公設系統可以證明另一個公設系統的無矛盾性的話，這兩個公設系統就具有「強弱」的關係，因此就可以判定這兩個公設系統不相等。不完備定理也是像這樣實用的定理。

不完備定理是關於自然數的體系的主張，也有完全沒有矛盾的公設系統。例如，實數的加法跟乘法就不矛盾。然而，在實數中，想要使用其中一個部分的集合定義自然數時，是無法證明那樣的理論本身

是沒有矛盾的。像這樣，不完備定理是關於含有自然數的理論中的限定的主張。雖然也有人會說「哥德爾定理彰顯了我們的知識永遠是不完全的」，但是這個定理本身並沒有那樣的意思。

　　話說回來，因為自然數是數學的基礎之一，哥德爾定理是一個大事件。對數學來說，從少數的公理證明出更多定理是件重要的事。關於自然數，也可以思考出無限多個定理。「以有限的文字所表示的公理，想證明無限多個定理是不可能的事。」不完備定理所點明的，應該就是我們身為有限的存在這件事吧。

第六話
測量宇宙的樣貌

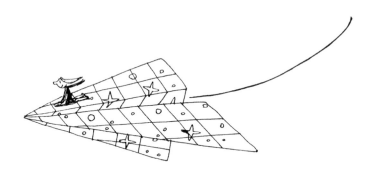

序 古希臘人要怎樣測量地球的大小呢？

　　古埃及以及古巴比倫人為了測量土地面積而開始研究幾何學。幾何學的英文 geometry 是從古希臘文「Υεωμετρία」（geometria）而來，Υεω（geo）是指土地，而 μετρία（metria）則是測量的意思。在埃及這個地區，尼羅河每年都會泛濫，淹沒河川兩岸的土地，河水退去之後就必須重新測量農地的面積，國家才能依面積徵稅。因此古埃及人對於圖形面積的計算方法以及角度的關係有非常深入的了解。另外，興建城堡要塞以及金字塔等等的建築物也需要使用幾何學。例如，第二話提到的《萊因德紙草書》就記錄了各式各樣的平面圖形以及立體圖形的面積及體積計算方法。

這些累積的知識經過希臘人的整理之後，將沒有經過證實的公理經由整理推導成為定理，這樣的邏輯推論過程演變成現代數學的方法。如果能將測量土地這類具體的問題抽象化，幾何學的應用範圍會更加廣泛。希臘人即也利用幾何學，嘗試去理解無法實際測量的宇宙樣貌。

　　希臘人根據三項資訊，已經知道地球是圓形的。

（1）他們發現，去遠方旅行的時候，北極星的高度會改變。如果地球是平的，北極星的高度應該不管在任何地方都是同樣高度才對。

（2）希臘人認為，月蝕是因為地球的影子投射在月球上。既然月蝕時影子是圓形的，就可以證明地球是圓形的。

（3）然而，最後一個理由居然是大象。對於希臘人而言，大象是分別居住於東方以及西方的不可思議生物。西元前 326 年，亞歷山大大帝（Alexander the Great）遠征東方到印度時，當時摩揭陀王國（Magadha）的軍人帶了 6000 頭象，與亞歷山大大帝的大軍對峙。另外，位在希臘西方，也是地中海文明中心之一的迦太基（Carthage）則有現在已經滅絕的北非象。西元前 218 年開始的第二次布匿戰爭，迦太基的漢尼拔將軍（Hannibal）從伊比利半島帶了 30 頭以上的大象橫越阿爾卑斯山，攻打羅馬帝國。希臘人無法區分印度象與非洲象這兩種不同品種的象，以為東方跟西方都有大象而位於中間的希臘卻沒有，因此認為東方跟西方有可能是連結在一起的。

　　如果地球是圓形的，那地球究竟有多大呢？利用太陽觀測加上幾

何學的運算解開這個謎題的，是亞歷山卓的埃拉托斯特尼。

亞歷山大大帝建立了橫跨希臘、埃及、從中東到部分中亞的廣大帝國。他在西元前 323 年突然病逝，之後他的將軍托勒密一世繼承了埃及，令臨地中海的亞歷山卓為首都。直到西元前 30 年，凱撒與克利奧帕特拉之子凱撒里昂被屋大維殺害為止，托勒密王朝維持了將近 300 年的統治。托勒密一世設立以主司科學以及藝術的女神繆思為名的神殿繆思殿（Mouseion），可以說是埃及政府的研究機關。政府提供繆思殿的研究學者相當好的待遇，除了薪水、宿舍以及免費伙食之外，還給予不用繳稅的特權。因此吸引了地中海世界附近優秀人才聚集。

西元前 275 年左右，出生於北非的埃拉托斯特尼在雅典的柏拉圖學院學習，30 歲時他就當上了亞歷山卓的大圖書館的圖書管理員，4 年後成為圖書館以及繆思殿的館長。第四話介紹的尋找質數方法——「埃拉托斯特尼篩法」也廣為人知。

埃拉托斯特尼測量地球大小的方法：在亞歷山卓正南方有一座名為斯尼（Syene，現在的亞斯文）的城市，在夏至的正午，陽光可以照射到非常深的井底。原因是因為斯尼位在北回歸線上，所以夏至的時候，太陽會在天頂的正上方。埃拉托斯特尼知道這件事之後，就在同一天的同一個時間，在亞歷山卓測量了太陽照射出的影子角度，得到 7.2 度這個數字。假定地球是球形的，而且太陽光又是平行照射在地球上，利用「平行線的內錯角相等」的幾何定理（稍後會加以說明），像圖 6-1 那樣，就可以知道亞歷山卓與斯尼之間相差的緯度也是 7.2 度。地球的一周 360 度是 7.2 的 50 倍，也就是說地球一周的周長就是兩地距離的 50 倍。根據埃拉托斯特尼所做的地圖，亞歷山

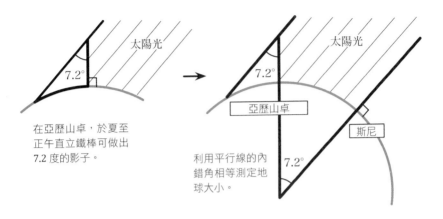

太陽光

7.2°

在亞歷山卓，於夏至
正午直立鐵棒可做出
7.2 度的影子。

太陽光

7.2°

亞歷山卓

斯尼

7.2°

利用平行線的內
錯角相等測定地
球大小。

圖 6-1 根據埃拉托斯特尼所測定的地球大小

卓與斯尼之間的距離，換算成現在的單位的話大約是 930 公里，地球的周長就是 930×50 = 46500 公里。根據現代測量的結果，地球的實際周長是 40000 公里，與推算出來的結果相差了 16%，不過考慮到當時的測量技術，準確度非常驚人。其實在我還是小學生的時候，也模仿過埃拉托斯特尼的方法來測量地球大小呢！

古希臘人也知道宇宙是有「深度」的，考量其時代，觀察力相當驚人。大多數的古代文明都認為，地球是被一個像碗的天花板蓋著，而月亮跟星星則是粘在這個碗狀的天花板上繞著地球移動。然而，希臘人卻知道宇宙是具有深度的立體空間。因此，在知道地球的大小之後，也就更加好奇地球與月亮的距離以及地球與太陽之間的距離為何了。

西元前 310 年，出生在希臘的薩摩斯島、提倡地動說的阿里斯塔克斯（Aristarchus）在月蝕時，觀察地球的影子切過月球的樣子，然後計算了月球與地球的直徑比。埃拉托斯特尼利用這個比值以及自己

計算出的地球大小，計算了月球的大小。

　　將月球的實際大小比上從地球看到的月球大小，就可以知道地球與月球之間的距離。下次可以試著在滿月時做這件事。拿著 5 元日圓硬幣，然後盡量地伸長手臂，會發現月亮的大小就跟 5 元硬幣中間的洞的大小一樣，月亮剛好被洞圈住。平常觀看滿月時，覺得月亮的大小會隨著月亮的高度改變，在靠近地平線時看起來比較大，而升到天頂時看起來比較小。但是如果以 5 元硬幣的洞為基準，不管滿月在哪個高度，看起來都跟洞的大小一樣，不會隨高度而改變。利用圖形的相似關係，就能推導出

$$\frac{\text{月球的直徑}}{\text{到月球的距離}} = \frac{5 \text{ 元硬幣的洞的大小}}{\text{手臂長度}}$$

只要知道月球的直徑，就能夠計算與月球的距離了。

　　比起思考地動說和天動說哪個是正確的，希臘人選擇結合天體觀測以及幾何學做科學判斷。將右手臂伸直、豎起食指、閉起左眼，試著看看這根食指。接著，閉起右眼、張開左眼，可以看到食指位置的改變。這就是所謂的「視差」現象，能夠以此測量與觀察對象之間的距離。跟觀察食指一樣，如果地球花費一年的時間繞著太陽公轉一圈，那麼經過半年、當地球走到太陽的另一側時，遠方恆星的位置看起來應該有差異才對。在西元前 190 年左右出生的喜帕恰斯（Hipparchus）大幅改進利用視差測量的技術，於是這項技術就能用來測量地球到太陽的距離或是春分點及秋分點移動的歲差現象等等。但是，應該成為地球公轉運動證據的恆星視差現象，卻一直無法觀測到。

古希臘人無法觀測到因為地球公轉而造成的視差現象，是因為那些恆星實在太遠了。假設太陽的大小是直徑 1 公分的小鋼珠，我們所在的地球則比 0.1 公釐的砂粒還小。這個小砂粒，在距離小鋼珠 1 公尺遠的地方繞著小鋼珠轉，這就是地球的公轉運動。在這樣的假設下，地球與最近的恆星比鄰星（Proxima Centauri）距離 300 公里，比東京到名古屋還要遠。依據地球公轉而造成的視差，僅僅只有 0.76 秒 ≒ 0.0002 度。因此，利用古希臘的觀測技術無法觀測到，也不是不可思議的事情。因為無法找到像這樣的證據，另外也因「如果地球真的在動的話，為何我們感覺不到呢」這樣直覺性的反對意見，因此天動說成為天文學的主流。像這樣，希臘人選擇天動說的原因，也許有著宗教上的理由，但是也有基於科學根據的判斷。

　　古埃及以及古巴比倫時代所累積的關於數與圖形的知識，靠希臘人的整理而成為數學這項學問。這在人類的歷史中是劃時代的事件，堪稱奇蹟。希臘人使用幾何學，理解了地球、月球、太陽及恆星的位置及移動方式。這一回，利用從古希臘發展到現代的幾何學來思考宇宙的樣貌吧。

1 基本中的基本——三角形的性質

　　如同第二話提到的，希臘人將一般人認為是理所當然的事情，一件件詳細確認之後，定義為公理，接著利用這些公理再推導出定理。拜這些嚴謹推導過程所賜，數學的定理成為了永遠不變的真理。

　　歐幾里德的幾何學就是其中一個例子。他將平面幾何整理歸納成五項公理：

〔公理1〕任何兩點，只能
夠連成一條線段。

〔公理2〕任何一個線段都
能夠無限延伸，成為一條
直線。

〔公理3〕 任何兩點，以
一點為圓心，則只會有一
個圓通過另外一點。

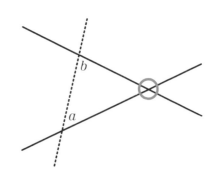

圖 6-2 歐幾里德的第五公理：如果 $a + b < 180°$ 的話，兩條直線會在 a,b 側相交。

〔公理4〕 所有的直角都
相等。（歐幾里德對直角的定義：兩條直線相交時，形成的四個角角
度都相等時，這個角度為直角。）

〔公理5〕 如圖 6-2 所示，當兩條線（實線）都與另一條線（虛線）
相交，且同一側相交角度的內角和（ $a + b$ ）小於兩個直角的和（180
度）時，這兩條直線（實線）一定會在該側的某處相交（畫圈處）。

利用這五項公理作為基礎，能夠證明許多的幾何學定理。

從少數的原理開始，一步步推導出更多更複雜的性質，歐幾里德
的這種論證風格成為研究學問的典範，影響後來的許多人，包括神學
家、哲學家以及科學家。

在史蒂芬‧史匹柏執導的電影《林肯》（ Lincoln ）中，飾演林肯
的丹尼爾‧戴‧路易斯（Daniel Day-Lewis）對著通訊兵說：「如果
兩件事物等於同一件事物，這兩件事物彼此之間就是相等的。歐幾里
德說這是不證自明的真理。」說明了解放奴隸的理論。大約在此一個
世紀前，湯瑪斯‧傑佛遜（Thomas Jefferson）所起草的《獨立宣言》
第二段起始寫著「人生而平等，是不證自明的真理」，應該也是受到

歐幾里德的影響。實際上，林肯在蓋茲堡的演說中，將《獨立宣言》的這個段落，當作「命題」引用，看來歐幾里德的論證法也是民主主義用來說服意見不同的人的基礎呢。

　　第一公理到第四公理，內容似乎是一些理所當然的事情。相比之下，第五公理因為複雜而不容易理解，從古希臘時代開始，就有著「第五公理應該不是獨立的公理，而是從最初的四個公理推導而來的吧」這樣的疑問。一直到近代的 2000 年間，許多數學家持續不斷努力嘗試利用前四個公理，證明第五公理其實是定理。在這些嘗試中，也有將第五公理換句話說的形式：

〔公理 5'〕　給定直線、以及直線外的一點，只能做出剛好一條與直線平行的線。

被稱為「平行線公理」的第五公理跟第一到第四公理互相獨立，最先注意到這件事情的，是已經出場好幾次的高斯。關於這件事會在這一話的後半說明。

　　在平面幾何中，三角形的性質特別重要。我們先想一下三角形的內角和定理以及畢達哥拉斯定理吧。

1.1 證明三角形內角和是180度

　　從歐幾里德的公理，可以推導出另一個有名的定理。也就是剛剛提到的，用來測量地球大小的平行線定理。

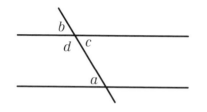

定理：如圖 6-3，平行的兩條直線與另一條直線相交，所形成的同位角（角 a 與角 b）角度相等，對錯角（角 a 與角 c）的角度也相等。

圖 6-3　同位角（a 與 b）以及對錯角（a 與 c）

　　為了證明這項定理，先說明一下「對偶」這個詞。一般而言，當「若 X 則 Y」成立的時候，則可以推導出「若非 Y，則非 X」，這就是所謂的對偶。例如，「下雨的話，就撐傘」的對偶就是「如果沒有撐傘，那就是沒有下雨」。要特別注意「對偶」中 X 與 Y 前後順序的反轉關係。例如，「如果沒有下雨的話，就不用撐傘」這樣並不是對偶。「下雨的話，就撐傘」的主題是「下雨的時候，應該做些什麼」，從這個主題，沒有辦法推論到「不下雨的時候，到底要不要撐傘」。回想一下〔公理 5〕：

　　「當兩條線都與另一條線相交，且同一側相交角度的內角和小於兩個直角的和時，這兩條直線一定會在該側的某處相交。」

　　在這個公理中強調「在內角和比兩直角和小的那一側相交」。換句話說，「內角和比兩直角和小的話，直線會在某處相交」。然後，如果用對偶的方法來思考就會變成：

　　「兩條直線如果沒有相交的話，與這兩條直線相交的那條直線，不管哪一側的內角和，都不會小於兩直角和。」

　　「兩條直線不會相交」這句話，也就是「平行」的定義。另外，「不管哪一側的內角和都不會小於兩直角和」這句話，除了內角和剛好等於兩直角和之外，沒有其他的可能性。總結來說，從〔公理 5〕

可以推導出：

　　「平行的兩條直線，與一條相交的直線，其內角和是兩直角和。」

　　利用這個定理，來證明剛剛提到的「同位角」以及「錯角」的定理吧。

〔證明開始〕圖 6-3 的角 a 與角 d 是平行線相交的內角，因此它們的和是兩直角和。另外，角 b 與角 d 是直線與直線相交而形成的角，因此這兩個角的角度相加之後也是兩直角和。將這兩個公式並列寫在一起，就會變成

$$a + d = 2 \text{直角}, b + d = 2 \text{直角}$$

因為 a 與 b 一樣，只要跟 d 相加之後，就會得到同樣的兩直角和，所以 $a = b$。也就是所謂的「同位角相等」定理。另外，角 c 與角 d 也是直線與直線相交形成的角，因此變成

$$c + d = 2 \text{直角}$$

與最開始的算式比較之後可以得到，對錯角 a 與 c 也是相等的，即「對錯角相等」定理。〔證明結束〕

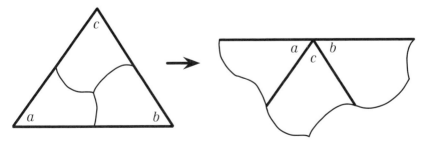

圖 6-4　三角形的內角和定理：小學課本的說明

利用這些定理，就可以證明三角形的內角和定理了。

定理：三角形的內角和是 180 度（兩直角）。

這個定理其實在小學高年級的數學課就學過了。小學課本上，是利用如圖 6-4 那樣，將三角形的三個角剪下來，重新排列組合之後得到直線，來證明三角形的內角和是 180 度。下面將會提供更嚴謹的証明方法。

〔證明開始〕三角形的三個頂點 a、b、c 對應的三個內角分別為角 a、角 b、角 c。如圖 6-5 ，通過頂點 c 做一條線平行於 $\overline{ab}$ 線段。這個時候，角 a 的對錯角角 a' 與角 b 的對錯角角 b' 與頂點角 c 是三條直線交會而成的角，因此變成

$$a' + b' + c = 180 度，$$

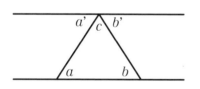

圖 6-5 三角形的內角和定理：
使用對錯角的證明

這時，利用剛剛證明的「平行線對錯角相等」定理，知道 $a = a'$、$b = b'$，因此 $a + b + c = 180$ 度。〔證明結束〕

這個定理在這一話的後半還會再出場，請先記起來。

1.2 一輩子也忘不了的「畢達哥拉斯定理」證明法

數學的「定理」這個字，英文是「theorem」，是從古希臘文的 θεωρέω（theoreo）來的，原本的意思是「仔細地看」。與「劇場」theater 的語源 θεάομαι（theaomai）來源相同。在證明平面幾何時，常常需要畫輔助線來幫助證明。先描繪問題的圖形，然後畫上輔助線，「仔細地看」，證明就完成了。

平面幾何中最傑出的應該就是「畢達哥拉斯定理」了（也稱「畢氏定理」）。歐幾里德的《幾何原本》也在第一卷第 47 題提出證明。

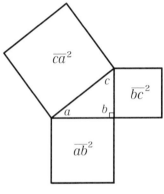

圖 6-6　畢達哥拉斯定理：
$\overline{ca}^2 = \overline{ab}^2 + \overline{bc}^2$

定理：直角三角形的頂點分別為 a,b,c，當內角 b 為直角時，直角三角形的三邊 $\overline{ab}$、$\overline{bc}$、$\overline{ca}$ 的長度關係（圖 6-6）為

$$\overline{ca}^2 = \overline{ab}^2 + \overline{bc}^2$$

這個定理在下一節提到的座標距離公式中也會使用，經由距離公式，畢達哥拉斯定理成為現代科學及工程學的基礎。既然是如此重要的定理，證明的方法有上百種，現在就介紹最廣為人知的一種。

〔證明開始〕以斜邊 $\overline{ca}$ 為邊長，做一個正方形。然後準備四個跟題目一樣的三角形，如圖 6-7 左，將三角形的斜邊跟

正方形拼在一起,就會形成一個邊長為 $\overline{ab} + \overline{bc}$ 的大正方形。將這個大正方形的面積扣除四個直角三角形的面積之後,就是剩下的正方形的面積,也就是 $\overline{ca}^2$。接著,將這個大正方形中的直角三角形的位置移動一下,變成像圖 6-7 右那樣,將四個三角形的面積扣除之後,就剩下兩個正方形,其中一個的邊長為 $\overline{ab}$,另一為 $\overline{bc}$。因為是同樣的一個大正方形,只是改變其中直角三角形的排列方法,所以扣除直角三角形的面積之後,剩下的面積是相等的。也就是,$\overline{ca}^2 = \overline{ab}^2 + \overline{bc}^2$。〔證明結束〕

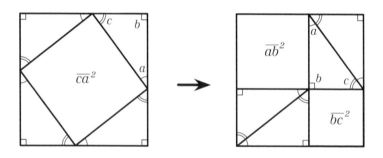

圖 6-7　畢達哥拉斯定理的證明

這個證明讓人乍看之下有種恍然大悟之感而接受,卻傳達不出畢達哥拉斯定理的偉大之處。這個證明方法最大的問題是很難記得到底是怎樣證明出來的(至少我自己是如此)。如果在漆黑夜晚的回家路上突然有人舉著槍說:「快點證明畢達哥拉斯定理!」我是沒有自信能夠使用這個方法證明這個定理的。

無法在沒有工具輔助的狀態下使用的證明方法,是否反映不出定

理的精神呢？其實有一個更能反映出畢達哥拉斯定理精神的證明方法，看過一次之後就一輩子忘不掉。介紹這個方法之前，要先介紹另一個定理，是《幾何原本》第六卷第 31 題證明的定理。

定理：有三個相似的圖形 A、B、C，而 A、B、C 的對應邊邊長，分別與直角三角形的三邊長 $\overline{ab}$、$\overline{bc}$、$\overline{ca}$ 相等。這個狀況下，三個圖形的面積以 A、B、C 表示的話

$$A + B = C$$

的關係是成立的。

原本的畢達哥拉斯定理，就是這個定理中所提到的相似圖形為正方形的狀況。這個定理對於三角形也好，五角形也好，甚至是圖 6-8 那樣的半圓形而言，不管是怎樣的圖形都是成立的。因此這個定理被稱為「廣義的畢達哥拉斯定理」。在圖形為正方形的狀況下（也就是畢達哥拉斯定理），可以利用斜邊的正方形面積重新排列組合而證明。但是「廣義的畢氏定理」卻無法用這個方法證明。例如，當相似圖形不是正方形而是半圓形的時候，似乎沒有好的方法能將大的半圓形分成兩個小的半圓形。

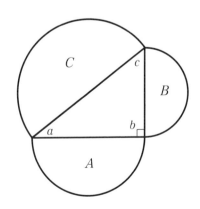

圖 6-8　廣義的畢達哥拉斯定理
（半圓版本）

其實這個定理利用原本的畢氏定理就可以證明了。

〔證明開始〕回想一下相似圖形的面積之間的關係。正方形的邊長變成 x 倍時，面積就變成 x^2 倍。不管圖形是三角形、正方形或是其他形狀，只要一邊的邊長是另一個圖形對應邊邊長的 x 倍，面積就是 x^2 倍。題目中所提到的相似圖形 A、B、C，對應的邊長就是長 $\overline{ab}$、$\overline{bc}$、$\overline{ca}$，所以相似圖形 ABC 之間的面積關係就是下列的比例關係。

$$A : B : C = \overline{ab}^2 : \overline{bc}^2 : \overline{ca}^2$$

根據畢氏定理，$\overline{ab}^2 + \overline{bc}^2 = \overline{ca}^2$，所以就能得到 $A + B = C$。
〔證明結束〕

這個證明點出了一個重要的事實，對於廣義的畢氏定理而言，只要能證明其中一個圖形之間的比例關係，就能證明其他圖形之間的比例關係。原本的畢氏定理是證明直角三角形三邊的正方形之間的關係，但是正方形並不是證明畢氏定理的最佳圖形。其實，有另一個圖形更能掌握定理的本質，那就是「直角三角形」。利用直角三角形，再證明一次「廣義的畢氏定理」吧。

〔證明開始〕如圖 6-9，有一個直角三角形 abc，沿三角形的斜邊 $\overline{ac}$ 對折，能夠得到另一個直角三角形 C。直角三角形 C 的面積跟原本的三角形 abc 是相等的。接著，在三角形 abc 的 $\overline{ab}$ 邊以及 $\overline{bc}$ 邊分別做三角形 C 的相似三角形，也就

是三角形 A 跟三角形 B（圖 6-9 左）。將三角形 A 及 B 沿著邊長 $\overline{ab}$、$\overline{bc}$ 往內折之後，

　　「仔細看！（θεωρέω）」

這兩個直角三角形 AB 剛剛好跟原本的直角三角形 abc 重合了。也就是 $A + B = C$。〔證明結束〕

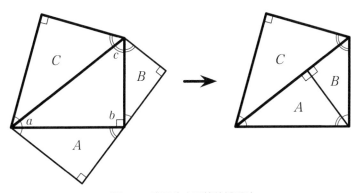

圖 6-9 一輩子也忘不掉的證明法

　　畢氏定理是關於直角三角形的定理，因此我認為用直角三角形來證明畢氏定理太巧妙了。如此一來，即使在晚上回家的路上，突然被槍指著要求說明畢氏定理的話，應該也能當場說明了吧。

2 劃時代的想法「笛卡兒座標系」

　　15 世紀，古騰堡（Gutenberg）將活字印刷應用化之後，歐幾里德的《幾何原本》也變成活字版本了。從 1482 年威尼斯的初版開始，世界上有超過一千種版本，可以說是除了《聖經》之外，銷量最多的一本書。幾乎可以說《聖經》跟《幾何原本》是支撐歐洲文明的兩大

支柱。

　為歐幾里德的平面幾何帶來偉大變革的，是 1596 年出生的近代理性主義之父笛卡兒（Descartes）。笛卡兒在他的著作《談談方法》中，提出追求真理的四大步驟：

（1）如果不是具有明證的真理，就不承認其為真。

（2）為了更加了解問題，要將問題分割成許多小問題。

（3）思考的順序是從單純的事物開始，依序往複雜的事物前進。

（4）小問題都解決了之後，將小問題全部列出來，看看是否有遺漏，能不能涵蓋原本的大問題。

　這也反應出了《幾何原本》的精神，從看起來理所當然的公理開始，一步步推導向複雜的圖形性質。

　這個《談談方法》，是討論關於探討真理的方法的書籍序論。笛卡兒提出了一個幾何學上的新見解，做為這個方法的試論，那就是「平面上的點都可以用一組兩個的實數來表示，也就是 (x, y)」。

在平面上垂直相交的兩條線，分別稱為 x 軸以及 y 軸。為了表示平面上的點的位置，將點分別與 x 軸以及 y 軸做垂線，相交的點分別為 x 以及 y，於是這個點的位置就可以用 (x, y) 來表示，這就是所謂的「笛卡兒座標系」（圖 6-10）。雖然座標軸這個概念並不是笛卡兒發明的，這樣的座標系也可以稱為「直

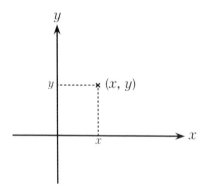

圖 6-10　笛卡兒座標系（直角座標系）

角座標系」，但因為笛卡兒用這個座標系導入新的幾何學概念，所以我在此稱之為「笛卡兒座標系」。使用笛卡兒座標系的話，平面幾何的問題都可以代換成關於 (x, y) 的計算問題，連歐幾里德的五個公理，都可以用笛卡兒座標來解釋了。

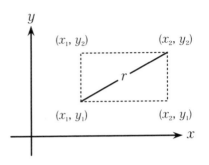

圖 6-11　兩點間的距離 r，可以當作長方形的對角線來計算。

　　例如，〔公理 3〕提到，平面上兩點 (x_1, y_1) 與 (x_2, y_2)，以一點為圓心，求通過另外一點的圓的解。「圓」就是與某一點距離相同的所有點的集合，所以首先計算這兩點的距離。

　　如圖 6-11，可以將 (x_1, y_1) 與 (x_2, y_2) 的距離，也就是這兩點所連結的線段想像成長方形的對角線。根據畢氏定理，對角線的長度 r 的平方，就是長邊與短邊的平方和。也可以表示成：

$$r = \sqrt{(x_2 - x_1)^2 + (y_2 - y_1)^2}$$

〔公理 3〕的「以 (x_1, y_1) 為中心，通過 (x_2, y_2) 的圓」就是與點 (x_1, y_1) 距離 r 的所有點的集合，因此滿足下面算式的所有 (x, y) 的集合就是解答。

$$(x - x_1)^2 + (y - y_1)^2 = r^2$$

　　利用笛卡兒座標系，就可以將歐幾里德的幾何學問題化為方程式

問題了。

2009 年，日本數學書房出版了一本名為《這個定理真美妙》的書。這是一個大型企畫，由 20 位作者分別選出自己認為最美妙的數學定理，並且講述定理獨特的魅力，而我也選了「基本粒子論」中使用到的定理。在這本書中，京都產業大學的牛瀧文宏先生選了平面幾何的「垂心定理」。要介紹垂心定理，得先介紹三角形的垂線。由三角形的頂點向對邊做一條垂直的線，這條線就稱為垂線。三角形有三個頂點，理所當然就有三條垂線。所謂的「垂心定理」是指，這三條垂線必會相交在一個點，而這個點稱為垂心。

兩條直線如果不是平行的話，一定會在某處相交，形成一個交點，這是理所當然的事情。但是三條直線，就不一定會相交在同一個點了。牛瀧先生在關於垂心定理的描述中提到，「當時身為中學生的我，被那個即使用盡了我的全力也無法到達的境界的證明所懾服，圖形的協調以及層層堆積的理論，使我確確實實感受到定理的美妙」。古希臘時代流傳下來的，關於垂心定理的證明，巧妙的使用了輔助線，說是藝術也不為過。網路上有許多關於垂心定理的證明，有興趣的人不妨參考。

在這邊利用笛卡兒座標系來證明這個定理。證明中不講求細節，只是希望大家能感受一下方程式的氣氛，體會一下「將幾何問題化成方程式」的感覺。

〔證明開始〕假設三角形的頂點為 $a = (0, 0)$，$b = (p, 0)$，$c = (q, r)$。頂點 c 對 $\overline{ab}$ 邊的垂線，可以用方程式表示為：

$$x = q \text{,}$$

頂點 a 對 $\overline{bc}$ 邊的垂線也可以用方程式表示為：

$$y = \frac{p - q}{r} x$$

頂點 b 對 $\overline{ca}$ 邊的垂線也可以用方程式表示為：

$$y = -\frac{q}{r} x + \frac{pq}{r}$$

最初的兩個方程式是 x，y 的聯立方程式，求解之後可以得到 $(x, y) = (q, (p - q)q/r)$ 的解。這個解也能滿足第三個方程式。也就是說，這三個方程式有共同的一個解。換句話說，三條垂線具有一個共同的交點，也就是垂心。〔證明結束〕

　　這個證明不像古希臘流傳下來使用輔助線的證明方法那樣帶有藝術性。只是先將題目中的垂線利用笛卡兒座標表示成方程式，接著解聯立方程式，按照步驟機械式地一步步操作而已。但正是因為不需要靈感，所以只要知道解法，誰都可以證明出同樣的答案。

　　如果使用輔助線的證明方法是在田野間悠閒騎著腳踏車，享受著田園風景前進，那麼利用笛卡兒座標系的證明方法就如同搭上由精密機械組裝而成的新幹線呼嘯而過一般。笛卡兒座標終結了幾何學的牧歌時代，進入了重視效率的近代。

　　第二話提到的高斯定理：「如果圖形的邊長比，能夠利用加減乘除或是平方根的有限次數組合來表示的話，這個圖形就可以作圖，如

果不能，圖形就不能作圖」也可以用笛卡兒座標系簡單解釋。作圖的基本規則是只使用尺跟圓規，所以又稱為尺規作圖。在笛卡兒座標系中，利用尺畫出的直線，可以表示為一次函數 $y = ax + b$，利用圓規畫出的圓是二次函數 $(x - x_1)^2 + (y - y_1)^2 = r^2$。因此，重複這些步驟作圖得到的線段長的比值，就是一次方程式以及二次方程式相互組合的解，也就是「可以利用加減乘除或是平方根的有限次數組合來表示」。

笛卡兒座標不僅僅影響了幾何學，對於科學技術方面的影響更是廣泛且重大。

笛卡兒出版《談談方法》的序文〈探討真理的方法〉時，剛好是伽利略的晚年。伽利略發現了許多關於物質運動的重要現象，包括——「鐘擺的等時性」：鐘擺的擺動週期是固定的，與擺動幅度無關；「自由落體法則」：物體落下時所需要的時間與物體重量無關；「慣性法則」：以等速度移動的物體，在不施加外力的狀況下，會一直維持等速度運動；以及「相對性」：在等速度移動的座標系中的力學法則，看起來與靜止座標系中的力學法則相同。但是，即使發現了這麼多重大的發現，伽利略卻沒有完成力學體系，其中一個原因，或許是因為伽利略並不知道笛卡兒座標系吧。

在伽利略過世那年出生的牛頓，為了將力學以及重力學的法則用數學方法表示時所使用的，正好就是笛卡兒座標系。從此以後，科學以及工程學的各式各樣方程式都可以利用笛卡兒座標系表示。

今日，只要是有科學技術的地方，就有笛卡兒座標系。例如，電腦螢幕或是手機畫面上的點的位置，就是轉換成笛卡兒座標系，以數字表示，而能使電腦處理畫面上的圖像。

3 六維空間、九維空間，甚至十維空間

笛卡兒座標還有另一個重大貢獻，它將人類的思考從平面中解放，前往更高維度。

二維平面的點可以用一組兩個的數字 (x, y) 表示，三維空間的點也能用一組三個的數字 (x, y, z) 代表。在三維空間中畫出互相垂直相交的三條直線，稱之為 x 軸、y 軸、z 軸，在三維空間的點，分別對這三個軸做垂線，得到 x、y、z 的數值，這個一組三個的數值就是點的座標。

二維平面上兩點 (x, y) 與 (x', y') 的距離 r 的公式是：

$$r = \sqrt{(x - x')^2 + (y - y')^2}$$

同樣的，三維空間中兩點 (x, y, z) 與 (x', y', z') 的距離 r 公式是：

$$r = \sqrt{(x - x')^2 + (y - y')^2 + (z - z')^2}$$

利用座標表示點的位置的話，能夠簡單地表示比三維更高維度的空間。n 維度的空間，就是無數個由一組 n 個數的座標 $(x_1, \cdots\cdots, x_n)$ 所表示的點的集合。三維的世界是眼睛可以看到的世界，但我們還是會懷疑、思考看不到的四維以上的空間到底有沒有意義。然而，我們的日常生活所遭遇的事物之中，就隱藏著高維度世界。

例如，我的朋友在證券公司工作，負責開發高速自動交易的系統。市場的狀態是由現貨股票以及股票選擇權、商品期貨及指數期貨

等的狀況決定的。換句話說，股票市場是一種根據訂單狀況，同時表示幾千幾萬筆數值的高維度世界中的點，而市場的變動就可以轉換成在高維度空間中的運動。高速自動交易系統就是預測這些高維度空間的運動，以 1000 分之 1 秒為單位做買賣。

數學能力的泉源之一，就是將一般化的事物轉換成抽象化的思考。幾何學是為了探討平面圖形的性質而發展的科學，然而笛卡兒座標的應用，則可以將 n 維度空間的幾何學也一般化。更進一步說，利用座標系統 $(x_1, x_2, \ldots\ldots, x_n)$ 不僅僅可以表示圖形，也可以表示市場動向等各式各樣的事物。我的研究主題「超弦理論」是關於基本粒子的統一理論，在這個理論中，必須使用六維、九維，甚至十維空間等等的高維度幾何學。雖然我經常被問到「到底要怎樣才能看到十維空間呀」，但是如果使用座標系統的話，不論是幾維空間都是一樣的。例如，十維空間中以原點為圓心，r 為半徑的球面是滿足下列方程式的所有點的集合：

$$x_1^2 + x_2^2 + \ldots + x_{10}^2 = r^2$$

使用座標系統的話，不管是幾維空間都可以掌握得宜。

4 歐幾里德定理不成立的世界

歐幾里德所選的五個公理之中，只有第五項「平行線公理」的性質與其他公理的性質有所不同。再引用一次換句話說的公理 5'：

〔公理 5'〕給予直線以及線外一點，通過線外一點，而與直線平行的

直線只有一條。

最初嘗試將這個平行線公理作為定理從其他四個公理推導出的，據說是西元前 2 世紀的波西多尼烏斯（Posidonius）。

　　然而，從古代就已知道有一種與歐幾里德公理不相符的幾何學，那就是「球面上的幾何」。

　　西元 1 世紀的數學家梅涅勞斯（Menelaus）的《球面學》第一卷中就討論到球面上的直線以及三角形的定義問題。當然，在球面上無法畫一條完全筆直的線。那麼，雖然不是「完全筆直」但是與直線性質相同的事物是什麼呢？連結平面上兩點的最短路徑稱為直線，「最短距離」就是直線的本質。那麼球面上有這種特質的事物是什麼呢？

　　因為我同時擔任加州理工大學的教授以及東京大學 Kavli IPMU 的首席研究員，所以經常需要往返洛杉磯與東京。在我們經常見到的麥卡托投影法的地圖上，這兩個城市間的最短距離看起來是直直地橫切過太平洋。然而，從洛杉磯飛往東京的時候，飛機是飛到更北的阿拉斯加州阿留申群島附近之後再往南飛，因為這條路徑其實比較短（雖然東京往洛杉磯飛的時候，為了利用偏西風，有時也會橫切過太平洋）。

　　球面上，兩點之間的最短距離是「大圓」的一部分。如圖 6-12，大圓是指通過球體中心的平面，與球面相交形成的圓。梅涅勞斯的球面幾何認為大圓就是

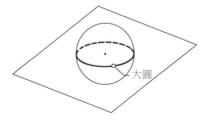

圖 6-12　球面上的大圓

球面上的直線，而定義三個大圓所圍成的面積就是球面上的三角形。

在球面幾何中，平行線公理無法成立。通過球體中心的兩個平面一定會相交，所以大圓也一定會相交，也就是說，兩條相異直線絕對不會平行。

因為平行線公理不成立，所以在球面上使用平面幾何時，必須要做許多變更。來看看 1.1 節中所提到的「三角形的內角和定理」一例吧。

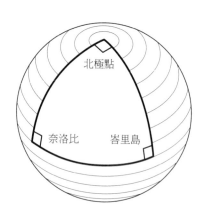

圖 6-13　球面上的三角形的內角和比
180 度還大

如同圖 6-13 所畫的，將赤道下方印尼的峇里島、肯亞的奈洛比及北極點當成三角形的三個頂點。從峇里島沿著經線往北前進，到達北極點之後，往左轉 90 度之後南下。沿著經線又回到赤道，就到了奈洛比附近，從那裡再往左轉 90 度之後往東前進，就可以回到峇里島了。這個三角形的三個內角都是 90 度，內角和不是 180 度，而是 270 度。一般而言，球面上的三角形的內角和公式是：

$$內角和 = 180 + 720 \times \frac{三角形的面積}{球的表面積}$$

例如，峇里島、奈洛比、北極點所圍成的三角形面積是球體面積的 1/8，利用公式計算內角和為 $180 + 720 \times 1/8 = 270$，與剛剛的說法一致。因為半徑是 r，所以剛剛的公式也可以代換成：

$$內角和 = 180 + 720 \times \frac{三角形的面積}{4\pi r^2}$$

　　然而，球面幾何中，關於第一公理「任何兩點，只可以連成一條線段」也無法成立。例如，球面上，通過南極與北極這兩點的大圓就有無數個。只要有一個大圓，讓他依照南北極的軸心轉動的話，就會形成無數個大圓。要證明歐幾里德公理中，只有平行線公理獨立於其他公理，得找到一種幾何，是前四個公理成立的狀態下只有平行線公理不成立。但是在球面幾何的狀況之下，第一公理也不成立，因此無法當做例子。

5 只有平行線公理不成立的世界

　　成功將平行線公理從其他四個公理中明確地獨立出來，是在 19 世紀初期的事，據說最先注意到這件事情的是高斯。但是，高斯秉持著「深入追究」的態度，由於討論平行線公理的獨立性容易引發爭議，因此高斯格外慎重，最後沒有發表成為論文。

　　與高斯同時，曾經擔任俄羅斯喀山大學校長的羅巴切夫斯基（Lobachevsky）也發現了平行線公理不成立的曲面，在 1829 年發表了一篇以俄羅斯文撰寫的論文。匈牙利的鮑耶・亞諾什（Bolyai János）也在 1824 年左右發現了同樣的現象，1831 年在父親鮑耶・法卡斯（Bolyai Farkas）出版的幾何學著作中，以附錄的形式發表。

　　這個將近 2000 年以上的懸案，卻有三位科學家在幾乎同樣的時間點不約而同發現了解答，想想真是不可思議，然而在科學的世

界裡，卻有許多這樣不可思議的案例。舉其中一些有名的例子：牛頓與萊布尼茲幾乎在同一時間發現了微積分，卡爾·舍勒（Karl Scheele）與約瑟夫·普利斯特里（Joseph Priestley）也同時發現氧氣。另外，2013 年，諾貝爾物理學獎的得獎項目「希格斯玻色子的預言」，也是由三個實驗室分別發現同樣的現象。實際上，鮑耶·法卡斯收到兒子提到已經證明平行線公理的信件時，他在回信中寫道「如果真的完成證明，要抓住機會趕快發表。就像春天到來，堇花到處盛開那樣，所有的事物都有其時機，等到時機到了，就會遍地開花，會被別人搶先發表」。科學上的新發現，也會反映出時代精神。

高斯、羅巴切夫斯基、鮑耶等三人同時發現的曲面，稱為「雙曲面」。為了說明這個曲面，首先請先回想一下二維世界中球面的定義：在三維空間中，與某一點距離相同的所有點的集合，稱為球面。利用三維空間的笛卡兒座標，半徑 r 的球面，就可以用下列方程式表示：

$$x^2 + y^2 + z^2 = r^2$$

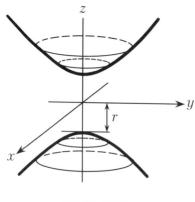

圖 6-14　雙曲面

相對於球面，雙曲面只改變了其中的兩個符號：

$$x^2 + y^2 - z^2 = -r^2$$

在三維空間中，所有滿足這個方程式的解的點 (x, y, z)，可以描繪成圖 6-14 的圖形。曲面被分成兩個部分，因為上半部下半部的形狀是一致的，所以先

考慮 $z<0$ 的狀況。在這樣的曲面上的幾何，稱為「雙曲幾何」。在球面幾何中，具有與直線相等性質的，是通過原點 $(x, y, z) = (0, 0, 0)$ 的平面與球體相交形成的大圓。同樣地，雙曲幾何中，具有相當於直線性質的也是通過

圖 6-15　雙曲面上的三角形內角和比 180 度還小

原點 $(x, y, z) = (0, 0, 0)$ 的平面與雙曲面相交切出的曲線。在雙曲面的情況下，這個曲線是雙曲線。將這個雙曲線當做雙曲面上的「直線」畫出的三角形，三角形的內角和就如同圖 6-15 一般，比 180 度還小。利用三角形的內角和公式來計算一下。

$$內角和 = 180 - 720 \times \frac{三角形的面積}{4\pi r^2}$$

這是將球面幾何公式中的 r^2 反轉成為 $- r^2$ 所導出的。

　　在這個雙曲面上，歐幾里德第一公理到第四公理都能成立，因此得證平行線公理是獨立的。

　　除了平面幾何之外，球面幾何以及雙曲幾何都是不遵從歐幾里德公理的幾何系統，除了這些幾何系統之外，是不是還有別的幾何系統呢？實際上在我們的周遭，充滿著許多既不是平面，也不是球面或雙曲面的各式各樣形狀。例如，橄欖球的表面，並不是一個完整的圓形，而是沿著縱軸延伸拉長，在這樣的表面上的幾何學就跟球面幾何不一樣。然而，有個人發現一種方法，能用一個統一的單位來表示各式各樣的面的狀態，那個人就是高斯（是的，又是他）。

6 不需從外面觀察就可以知道二維面形狀的「絕妙定理」

如果我們站在球面或是雙曲面這樣的二維面之外觀察，一眼就能看出這些面不是平面而是彎曲的面。但是，假設我們居住在二維世界的話，該如何知道所居住的地面究竟是彎曲的或平的呢？

19 世紀的英國作家愛德溫・A・艾勃勒（Edwin A. Abbott）在《平面國》這本諷刺小說中描繪了二維世界的景象。小說中的主角「正方形」與能夠在三維空間自由活動的「球」成為好朋友，因此被帶到三維世界參觀。於是，從出生以來，第一次從上方俯瞰了自己出生地「平面國」的景象。平面國的其他居民如果想要知道平面國的形狀，除了如同「正方形」一般向上飛往三維世界之外，難道沒有其他方法了嗎？

1818 年，高斯受到漢諾瓦王（Hannover）要求，利用了三角測量法來測量漢諾瓦公國的領土範圍。三角測量法是一種測量土地形狀以及大小的方法。首先將想要測量的土地分割成許多三角形，之後分別測量每個三角形的邊長及角度，就可以計算三角形的面積，經過加總之後就可以得到廣大範圍的土地面積。高斯為此發明了日光反射儀（heliotrope，也稱為回光儀）用來做更精準的三角測量。在歐洲開始使用歐元之前，德國舊馬克的十元紙幣正面就是高斯的肖像，而背面則是漢諾瓦公國領土的三角測量分割圖以及日光反射儀器具的圖像（圖 6-16）。

圖 6-16　德國舊馬克的十元紙幣

　　高斯利用了漢諾瓦公國三角測量的龐大數據，計算了由德國 Hohen Hagen、Brocken 與 Inselsberg 三座山所形成的三角形內角和。回想一下上一話提到的三角形內角和公式：

$$內角和 = 180 + 720 \times \frac{三角形的面積}{4\pi r^2}$$

如果知道三角形的內角和與 180 度之間的差距，就可以經由計算知道地球的半徑 r 了。高斯應該是想要透過這項計算而知道地球半徑吧。然而，因為當時測量儀器精密度上的限制，使得計算結果有誤差，因此高斯無法準確地計算出三角形內角和與 180 度之間的差距，也無法得知地球半徑。不過，經由這次的經驗，高斯得知了一個測量二維面形狀的重要方法。

　　請想像一張完全平整的紙，在紙這樣的平面上，歐幾里德的幾何學定理都是成立的。不僅三角形的內角和是 180 度，平行線的定理也都能成立。接著，將這張紙折彎或扭曲，只要不撕破紙張或是拉長

紙張改變長度的話，在二維紙面上，兩點之間的距離不會改變，所以歐幾里德的幾何學定理都是成立的。例如，在紙上描繪畢達哥拉斯定理，即使將紙折彎或扭曲，定理仍然不會改變。住在平坦的紙上的居民們，如果不離開紙的表面，只靠歐幾里德的幾何學的話，無法知道紙到底是不是彎曲的。

高斯認為，二維平面的這種彎曲只不過是「表面上」彎曲而已。但是除此之外，也有不僅僅是這種「表面上」彎曲而已的彎曲方式。像是球面、平面以及雙曲面上，三角形內角和的公式就會改變。高斯為了裁量這些面的不同彎曲方法之間的差異，思考出了「曲率」這個計算量。

如果平面國的居民想知道自己居住地的形狀，可以模仿高斯的做法，對自己居住的世界進行三角測量，並且計算三角形的內角和。如果居住地的面比較像球面，測量得到的三角形內角和應該會大於 180度，而且只要計算與 180 度之間的差距就能得知球面的半徑。相反的，如果內角和比 180 度小的話，則居住地應該是雙曲面。

然而，二維面不是只有球面及雙曲面。各位應該看過橄欖球吧，靠近尖端的部分弧度非常地明顯，而中央部分的弧度則比較平緩。所以，在尖端的三角形內角和應該會比 180 度大很多，而在中央的三角形內角和則會比較接近 180 度。測量各個不同位置上內角和與 180度的差距，就可以知道不同位置的面的弧度。

橄欖球上不同位置的三角形內角和會依照所在的位置而改變。所以，為了要能準確測量彎曲度，三角形應該愈小愈好。然而，三角形愈小，三角形的內角和與 180 度的差距也會愈小。回想一下球面時使用的公式：

$$內角和 - 180 = 720 \times \frac{三角形的面積}{4\pi r^2}$$

內角和與180度的差，會與三角形的面積成比例，形成下面這個比值：

$$\frac{內角和 - 180}{三角形的面積}$$

高斯注意到了一點：不管三角形縮到多小，得到的這個比值都不會是零。因此將上面算式在三角形的面積小到極限時所得到的比值，稱之為「高斯曲率」。

　　在橄欖球的表面，即使彎曲的程度會依所在位置不同而改變，住在球上的居民只要進行三角測量並且計算高斯曲率，即使不離開球的表面也能知道球面的彎曲度。如此一來，在球面上每個點的周圍的彎曲程度是像球面或像雙曲面，以及彎曲的曲率為何，便都能明白了。

　　高斯證明了曲率能夠完全決定曲面上的幾何性質，並稱呼這個定理為「絕妙定理」。德國舊馬克的十元紙幣所稱頌的，應該不僅僅是漢諾瓦公國的三角測量，而是這個絕妙定理吧。

7　畫一個邊長100億光年的三角形

　　現代的天文學認為，地球不是宇宙中一個特殊的星球，在宇宙中不管去到哪裡，從哪個方向看，看到的景色都應該是相同的。當然，不是嚴格定義上的相同，例如地球附近有太陽也有其他行星，也稀稀疏疏分布著其他恆星。然而，如果從很大的尺度來看，幾乎

是一樣的，這樣的想法被稱為「哥白尼原理」，是命名自提倡地動說、將地球從宇宙的中心降格成為圍繞太陽運行的一個行星的哥白尼（Copernicus）。依照哥白尼原理，不管在宇宙中的任何地點，從哪個地點往哪個方向看，看起來都是一樣的。假設這原理成立，我們居住空間的形狀只有下列三種數學表示方法：

完全平面的空間：這是歐幾里德的幾何學可以成立的、完全平面的三維空間版本。在這樣的空間中，三角形的內角和是 180 度。

正曲率的空間：這是球面的三維空間版本。在這個空間中，三角形的內角和：

$$內角和 = 180 + 720 \times \frac{三角形的面積}{4\pi r^2}$$

當 r 愈小，曲率就愈大。

負曲率的空間：這是雙曲面的三維空間版本。在這個空間中，三角形的內角和：

$$內角和 = 180 - 720 \times \frac{三角形的面積}{4\pi r^2}$$

當 r 愈小，曲率就愈大。

根據愛因斯坦的廣義相對論，空間的曲率是依照宇宙中的物質或能量的密度來決定的。當物質或能量到達「臨界密度」時，宇宙是完

全的平面。比「臨界密度」多時，宇宙會因為物質或能量之間的引力
而變圓，如同球面那樣具有正曲率。此時，在宇宙中畫的三角形內角
和，會如同圖 6-17（右）那般，比 180 度還大。而比「臨界密度」
少時，宇宙則會像雙曲面般曲率為負，三角形內角和如圖 6-17（左）
般小於 180 度。

　　所以，如果想要知道宇宙的形狀，只要在宇宙中畫一個很大的三
角形，然後測量三角形的內角和就好了。可是我們無法離開地球太
遠，要如何在宇宙中畫一個很大的三角形呢？

圖 6-17　　負曲率的宇宙　　　　　　　　　正曲率的宇宙

　　線索就是那些充滿在宇宙中的光──「宇宙背景微波輻射」。例
如，當電視台放送的訊號結束時，電視螢幕映出的閃爍雜訊中，就有
少數是從宇宙誕生時期開始傳送到現在的微波所造成的。那是 138 億
年前發生的「大霹靂」所殘留下的小火苗，從宇宙中的各個方向傾倒
在地球上。

　　根據 1992 年所發表的 COBE 衛星實驗結果，這些從宇宙中來的
微波，具有僅僅數 ppm 的微小波動。這是初期宇宙的量子力學的波
動與宇宙中物質的震動產生共鳴，造成微波的微小波動。圖 6-18 就

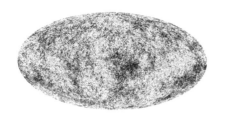

圖 6-18 宇宙背景微波輻射的波動
（NASA 提供）

是衛星實驗團隊所發表的最新資料。

具有微小的波動是指，宇宙微波的強度，會依照觀測地點的不同而有微小的改變。理論上可以計算在宇宙剛形成的時候，大概多少的距離可以造成這樣的變動。那些變動的樣貌，以光的形式直接到達我們所在之處，並且能夠以微波波動的形式被觀測到。因此，觀測這些波動，就成為像圖 6-19 那樣，測量一個從宇宙的起始到現在的地球之間，邊長為 100 億光年的巨大三角形。如果能夠精密觀測到波動的話，就能夠測量在宇宙裡的巨大三角形的角度，然後就能夠明白「宇宙的樣貌」。

從 1990 年代末到 2000 年代初期，進行許多精密測量微波波動的實驗之後，我們知道宇宙的樣貌是幾近平坦的。

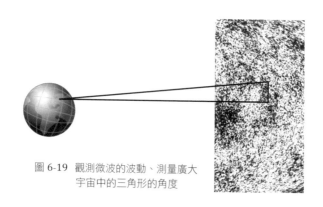

圖 6-19 觀測微波的波動、測量廣大宇宙中的三角形的角度

那麼，為什麼宇宙是平坦的呢？其理論是由日本的佐藤勝彥及美國的阿蘭・古斯（Alan Guth）等提出的「宇宙暴脹論」（Cosmic Inflation）。為了驗證這個理論，我所屬的 Kavli IPMU 與宇宙航空研究開發機構（JAXA）及高能加速器研究機構（KEK）共同合作，計畫發射能夠觀測初期宇宙樣貌的科學衛星 LiteBIRD。

埃拉托斯特尼使用了「平行線的對錯角相等」定理，測量出地球的大小。即使不知道亞歷山卓與斯尼之間是地球圓周的 50 分之一，也能計算出精密度到 16％的地球半徑。

現代的天文物理學者，則使用了「三角形內角和」的性質，決定宇宙的樣貌。即使沒有辦法去到離地球很遠的地方，也能夠在宇宙中畫出邊長為 100 億光年的三角形。

從古希臘到現代，數學大大增廣了我們所經驗的世界。是人類的好奇心，促使了數學的發展。因為追究「歐幾里德的平行線公理到底能不能獨立於其他公理」這項問題，使高斯發現了曲率的概念，然後，人類才終於能夠使用科學的方法，來測量宇宙全體的樣貌以及其中的物質與能量。

第七話

微積分從積分開始

序 阿基米德的信

　　前一話的一開始，提到了西元前 3 世紀時的第二次布匿戰爭：迦太基的名將漢尼拔越過阿爾卑斯山，從北方攻入羅馬帝國。但是，羅馬軍卻抱持著持久戰的準備。為了確保對地中海的制海權，攻打了迦太基同盟國的西西里島都市國家敘拉古（Siracusa）。

　　迎接前來包圍敘拉古羅馬軍隊的，是有古代世界最偉大的數學家之稱的阿基米德（Archimedes）以及他所發明的各式各樣兵器，有能夠調整子彈落地地點且毫無盲點的投石器，以及利用槓桿及滑車原理、能夠將從海上逼近的軍艦整個提起翻覆的吊車。無法靠近城牆的羅馬軍隊，只好解除包圍網，暫時撤退。

　　但是，在敘拉古，因為舉辦了女神阿爾特彌斯（Artemis）的祭

祀宴會，負責監視羅馬軍隊的人居然
擅自離開崗位。收到密告得知這個消
息的羅馬軍隊，派出菁英部隊越過城
牆打開城門，讓一萬名羅馬士兵蜂擁
而入。這之後，阿基米德就下落不明
了。

圖 7-1　阿基米德的墓碑上雕刻的
球以及外接圓柱的圖

　　敘拉古包圍戰後一個世紀的西元
前 75 年，羅馬屬州西西里的財務官
西塞羅（Cicero）四處找尋阿基米德
的墓，最後發現的墓碑上，刻了像圖
7-1 的圖形，是球體以及外接圓柱的圖（據說刻在阿基米德的墓上的，
是這個圖的側面圖），想表現的是阿基米德發現了球體的體積是球體
外接圓柱體積的 2/3。阿基米德最為人所知的，是數不清的實用發明，
但是對他而言，最值得誇耀的卻是關於純粹數學的發現。這個據說是
阿基米德自己設計的墓碑，說明了這一點。

　　積分的研究是為了測量面積與體積而得到了發展。為了要依土地
大小課稅，需要計算土地面積，測量穀倉的容量或是估算金字塔所需
的建築材料也必須計算體積。而阿基米德還能夠計算出像拋物線或是
圓那樣的曲線所圍出的圖形面積，也能夠計算出球面所圍成的體積。
刻在阿基米德墓中的球體跟圓柱體體積之間的關係式，就是其中之
一。

　　阿基米德在第二次布匿戰爭前，將積分的方法寫在莎草紙上，從
敘拉古用船寄送給亞歷山卓的大圖書館館長埃拉托斯尼。這封信的
一開始，寫了這樣一段話：

埃拉托斯特尼先生，我知道您是一位非常勤勉、優秀的哲學
老師，並且對於數學研究抱持濃厚興趣，所以我將我發現的
一個特別方法寫下來寄給您。用這個方法，現在或未來，一
定會有人發現我們尚未知道的定理。

從在 300 年後的西元 1 世紀，身為數學家以及工程學家的海龍
（Heron）曾借出閱讀的紀錄，我們可以得知當時這封記有他的「方
法」而廣為人知的信，後來被圖書館保管著。阿基米德寄給朋友的信
件，隨著羅馬帝國的瓦解而散落各處，其中有一部分在拜占庭帝國時
代有羊皮的轉抄本。這些轉抄本在 1204 年，首都君士坦丁堡遭十字
軍侵掠時被帶走，之後能追查到下落的只剩三冊。其中一冊從 1311
年以後就下落不明，另外一冊在文藝復興時期影響達文西很大，但是
1564 年之後就沒有紀錄了。

現在，我們能夠直接知道阿基米德的這個「方法」的原因，是最
後殘存的第三冊轉抄本。這個轉抄本在 20 世紀初期被發現，經約翰‧
海貝爾的解讀，使阿基米德數學的全貌真相大白。在那之後，雖然轉
抄本又暫時消失了一陣子，但是居然出現在 1998 年佳士得的紐約拍
賣會上，被匿名人士買走。買家不僅僅買入轉抄本，還投入大量經費
修補解讀，現在可以在網頁上看到轉抄本的數位圖檔。

這一話，我將用現代的數學語言來解釋阿基里德的「方法」，
說明積分的思考方法。在那之後，再來談談微分。

1 為什麼「從積分開始」呢？

　　幾乎所有日本高中數學的教科書都是從微分開始說明，之後才教不定積分，接著定義為了計算面積的定積分是不定積分的差。雖然可以說這樣的順序是有邏輯性地傳授已經成熟的數學，但是，與實際上數學歷史的發展卻完全相反。阿基米德研究出能夠計算面積的積分時，是西元前 3 世紀，牛頓或是萊布尼茲發現微分的方法卻是 17 世紀。這之間，相差了 1800 年以上。

　　歷史上先發現積分是有原因的。因為積分跟面積或體積這種眼睛直接可以看到的量的計算有密切關係，而微分必須要能確實理解無限小或極限這樣的概念。例如，若是利用微分來定義運動中的物體，因為古希臘時代還未確定對於極限的概念，就會產生之後會提到的「飛行中的箭是靜止的」這種芝諾悖論。微分對於數學而言，是相對「高端」的概念。

　　在了解困難的微分之前，先從直覺就可以理解的積分開始，確實理解積分的意思，然後再去思考微分，這樣應該會比較容易明白。因此，這本書會從積分開始說明。高中學微積分時鴨子聽雷的人，或是從現在開始要學微積分的人，試看看「從積分開始」吧。

2 面積到底要怎麼計算？

　　積分是從計算圖形面積開始的。面積的單位是平方公尺、平方公里等帶有「平方」的量詞。邊長為 1 公尺的正方形，面積是 1 平方公尺。也就是說，面積就是以正方形作為單位，測量圖形的大小可以轉

換成多少個正方形的方法。

　　如果是長方形又該怎麼辦呢？小學時學了長方形的面積是長乘寬，但是現在請假裝一下不知道這個方法，一起思考一下。

　　假設，長方形的寬是 1 公尺、長是 2 公尺，如果將這個長方形從正中間切開，就可以得到兩個邊長為 1 公尺的正方形，所以面積就是正方形的 2 倍，也就是 2 平方公尺。也就是說，長方形的面積是長乘上寬。

　　更廣義地說，假設 n 跟 m 是自然數，寬是 n 公尺，長是 m 公尺，將寬分成 n 個等分、長分成 m 個等分，就可以得到邊長為 1 公尺的正方形，一共有 $n \times m$ 個（圖 7-2）。這個長方形的面積是正方形的 $n \times m$ 倍，所以是 $n \times m$ 平方公尺。也是長跟寬的乘積。

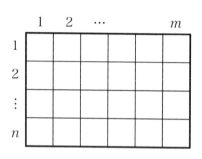

圖 7-2　n 公尺 ×m 公尺的長方形，
　　　　能夠分割成 $n \times m$ 個正方形。

　　即使當長跟寬是分數公尺的情況也是一樣，利用相似法，列出跟整數公尺的長方形之間的面積關係，也可以證明分數長方形的面積是長跟寬的乘積。更進一步，思考長寬的長度如果是 $\sqrt{2}$ 之類的無理數的情況，也可以利用長寬的乘積計算面積。

　　小學時學了三角形的面積是「底乘以高除以二」，像圖 7-3 那樣就可以明白，將三角形

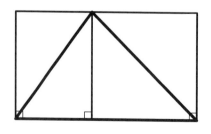

圖 7-3　三角形的面積是長方形的一半

的面積乘上兩倍的話，就是長方形的面積了。

　　不僅僅是長方形或是三角形，古希臘人可以計算折線所圍成的任何圖形與正方形面積之間的關係。像圖 7-4 那樣，折線所圍成的圖形，不管是怎樣的形狀，一定可以表示成三角形的集合，因此，只要知道三角形的面積，將面積加總就可以知道圖形面積。

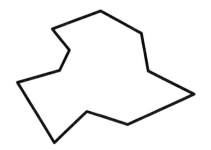
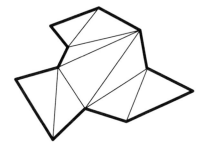

圖 7-4　被折線包圍的圖形，能夠分割成三角形。

3 什麼圖形都適用的「阿基米德逼近法」

　　如果要計算折線所包圍的圖形面積，只要分割成三角形就能夠計算了。那麼，該如何知道被拋物線或圓形那樣的圓滑曲線包圍的圖形面積呢？馬上能想到的是，將曲線轉換成近似的折線如何呢？被圓滑曲線包圍的圖形面積，可以用近似的折線圖形來計算。雖然這

圖 7-5　被曲線包圍的圖形面積，
　　　　能夠使其近似於折線圖形的面積。

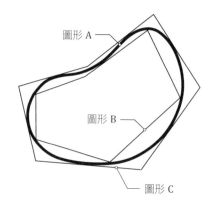

圖形 A

圖形 B

圖形 C

圖 7-6　阿基米德逼近

是個好主意，不過只要是近似一定會產生誤差，所以必須要估算誤差究竟是多少。如果可能的話，希望誤差可以為零。為了這個目的，來說明阿基米德所想到的「方法」。

像圖 7-6 那樣，有一個被曲線包圍的圖形 A，在圖形 A 的內部，可以畫一個被折線包圍的圖形 B。另外呢，也能畫一個圖形 C 將圖形 A 包圍起來。在這三個圖形之間，有一個不等式

$$面積（B）\leq 面積（A）\leq 面積（C）$$

雖然不能準確得知圖形 A 的面積，但是應該比圖形 B 的面積大（因為是折線所以能夠計算面積），比圖形 C 的面積小（因為是折線，所以也能夠計算面積）。因此，就能夠知道利用折線圖形近似時的誤差了。

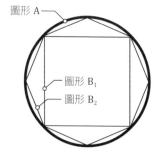
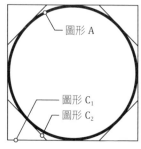

圖形 A

圖形 B_1
圖形 B_2

圖形 A

圖形 C_1
圖形 C_2

圖 7-7　利用阿基米德逼近計算圓面積

要怎麼做才能讓誤差為零呢？阿基米德想出了一個方法，不只用一組的圖形 B 跟 C，而是像圖 7-7 那樣，一直增加頂點的數目，折線圖形就愈來愈接近曲線圖形 A 了。這樣的折線圖形，可以寫成

$$(B_1 、 C_1) ，(B_2 、 C_2) ，(B_3 、 C_3) …$$

對於每一組而言，圖形 A 包圍圖形 B，而外面被圖形 C 包圍。如此的話，跟剛剛一樣，就成為：

$$面積（B_n）≤ 面積（A）≤ 面積（C_n）$$

　　這樣的圖形組（B_n、C_n）一直延續下去的話，近似的效果就愈來愈好，圖形 B_n 及圖形 C_n 的面積也就愈來愈接近圖形 A 的面積了。但是，我們還是不知道圖形 A 的面積是多少。要怎樣保證「接近不知道是多少的面積」這件事呢？

　　阿基米德是這樣想的。當 n 愈來愈大的時候，

$$面積（C_n）－面積（B_n）$$

就會愈來愈小，假設當 n 成為無限大，到達一個極限時，這個差距會變成零。因為想要計算的圖形 A 的面積，是在面積（B_n）與面積（C_n）之間，所以當這兩個值到達極限而一致時，應該就會成為圖形 A 的面積。阿基米德是根據西元前 4 世紀的數學家歐多克索斯（Eudoxos）的想法而發展出這個方法，但因為是阿基米德將這個方法發揚光大，解決了許許多多的幾何學問題，所以在這裡將這個方法稱為「阿基米德逼近法」（也可以稱做「歐多克索斯逼近」）。

　　以圓面積的計算為例吧。像圖 7-7 那樣，（B_1、C_1）是正方形，

（B_2、C_2）是正八角形，（B_3、C_3）是正 16 角形，（B_n、C_n）是正 2^{n+1} 角形，利用這種方法近似圓面積。利用中心跟頂點的連線，可以將圖形 B_n、圖形 C_n 分割成無數個三角形，因此就可以計算面積。算一下就可以知道，當 n 增加 1 的時候，兩個面積之間的差

$$面積（C_n）－面積（B_n）$$

就會減少一半。當 n 愈來愈大，誤差就是一半的一半的一半……變得愈來愈小，因此當面積（C_n）與面積（B_n）的 n 是無限大的時候，就會達到極限而一致，成為圓的面積。這就是阿基米德計算圓面積的方法。

4 積分究竟在算什麼呢？

利用阿基米德的逼近法，也能夠計算被更複雜的曲線包圍的圖形面積。如果準備了使用 x 軸及 y 軸的笛卡兒座標系，像圖 7-8 那樣，直線可以用 $y = ax + b$ 表示，而 $y = x^2$ 就是拋物線了。

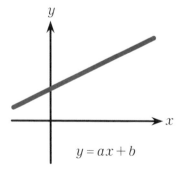

$$y = ax + b$$

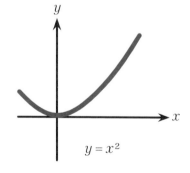

$$y = x^2$$

圖 7-8　　　直線　　　　　　　　　　　　　拋物線

這時，將其一般化，假設有某一個函數 $f(x)$，曲線 $y = f(x)$。在 $a \le x \le b$ 的區間，$f(x)$ 的值一直大於零，像圖 7-9 的 $y = f(x)$ 曲線及三條直線 $y = 0$、$x = a$、$x = b$ 所包圍的圖形 A（圖中陰影部分）。只要能夠明白圖形 A 的計算方法，不管什麼曲線包圍的圖形面積都能夠計算了。

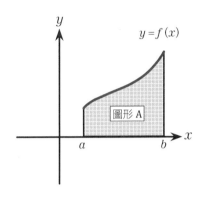

圖 7-9　曲線下方的面積

曲線 $y = f(x)$ 在 y 軸方向上上下下地起伏。為了讓計算簡單，假設 $y = f(x)$ 在 $a \le x \le b$ 的區間內，是單純遞增。如果不是這樣的情況，就在 $a \le x \le b$ 的區間中，區分出 $f(x)$ 是單純增加的區間，以及 $f(x)$ 是單純減少的區間，然後將不同的區間分別套用下面的討論就可以了。

為了利用阿基米德逼近法計算圖形 A 的面積，所以將 $a \le x \le b$ 區分成 n 等分，像圖 7-10 那樣，成為圖形 B_n 及圖形 C_n。圖形 A 包圍了圖形 B_n 但是被圖形 C_n 包圍。不管是那一個圖形都是長方形的集合，所以能夠計算面積。

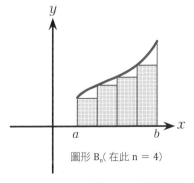

圖形 B_n（在此 n = 4）

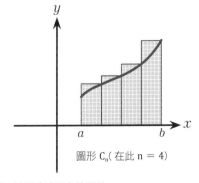

圖形 C_n（在此 n = 4）

圖 7-10　利用阿基米德逼近，計算曲線下方的面積

如同圖 7-11 表示的那樣，面積（C_n）與面積（B_n）的差就是

（圖形 C_n 的面積）－（圖形 B_n 的面積）＝〔 f(b)－ f(a) 〕×ϵ

也就是，成為底邊 $\epsilon = (b - a)/n$ ，高是 $(f(b) - f(a))$ 的長方形面積。
n 愈來愈大，ϵ 就愈來愈小，所以圖形 B_n 與圖形 C_n 的面積就愈來愈
接近，當 ϵ 無限接近於零的時候到達一致，在這個極限下的值，就是
圖形 A 的面積。

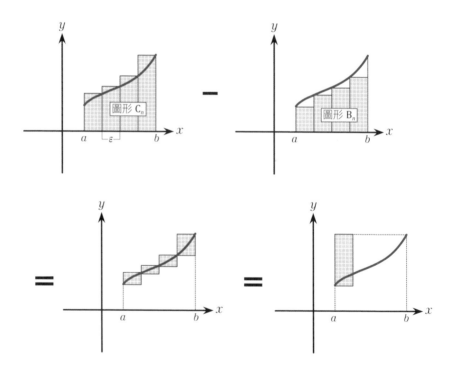

圖 7-11　C_n 與 B_n 之間面積的差，只要 n 愈來愈大，差就能夠縮小到無限小

這樣計算出的圖形 A 面積，稱為「函數 $f(x)$，在區間 $a\le x\le b$ 之間的積分」。可以用下面的方程式表示。

$$\int_a^b f(x)dx$$

$\int$ 這個記號是跟牛頓同時發明微積分的萊布尼茲發想的，將「計算總和」時的「sum」的第一個字母「S」縱向延伸拉長而成。另外，「dx」的「d」，就是「difference」（差）的第一個字母，是為了表示在將圖形作為長方形的集合，求取近似值的時候，每一個長方形的底邊長度為 $x + \epsilon$ 與 x 的「差」。高度 $f(x)$、底邊 ϵ 的長方形面積為 $f(x)\epsilon$，因此，將 ϵ 換成 dx 的記號就變成 $f(x)dx$。也就是說，$\int_a^b f(x)dx$ 表示出了萊布尼茲的想法：「積分就是將高度為 $f(x)$、底邊為 dx 的長方形，從 $x = a$ 開到 $x = b$，算出這些長方形的面積和。」

　　在這邊說明的積分，是延續 19 世紀德國數學家黎曼（Riemann）定義的積分，因此稱為「黎曼積分」。實際上，積分也有許多種類，法國學者勒貝格（Lebesgue）想出了勒貝格積分，日本的伊藤清也提出了伊藤積分的想法。高中數學會學到的函數，黎曼積分就很夠用了，但是例如在計算股價這種隨機跳動值的積分時，就需要伊藤積分了。伊藤積分也被用來決定股票選擇權的價值，因此伊藤清又被稱為「華爾街最有名的日本人」。

5 試著積分各式各樣的函數吧

　　利用黎曼的定義，試著計算各式各樣的函數吧。首先呢，將一次

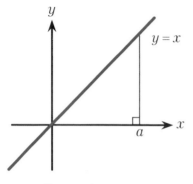

圖 7-12 積分一次函數

函數 $y = x$，從 $x = 0$ 積分到 $x = a$ 會怎樣呢？會成為像圖 7-12 那樣，是一個底邊 a、高度為 a 的直角三角形的面積，因此應該會成為 $a^2/2$。來確認看看吧。

這時候圖形 C_n 為底邊的長度是 $\epsilon = a/n$、高度是 ϵ、2ϵ、…… 的長方形集合，因此：

$$(\text{圖形}C_n\text{的面積}) = \epsilon \times \epsilon + 2\epsilon \times \epsilon + \cdots + n\epsilon \times \epsilon = (1 + 2 + \cdots + n) \times \left(\frac{a}{n}\right)^2$$

這個 $(1 + 2 + \cdots + n)$ 的和從畢達哥拉斯時代就知道了。這個方程式的計算方法是先假設乘上 2 倍，寫成：

$$2 \times (1 + 2 + \cdots + n) = \left(n + (n - 1) + \cdots + 1\right) + \left(1 + 2 + \cdots + n\right)$$

右邊的第一個括號裡的第一項是 n，第二個括弧裡的第一項是 1，因此相加的和是 $(n + 1)$。兩個括弧中的第二項分別是 $(n - 1)$ 與 2，相加的和也是 $(n + 1)$。因為相加之後的和成為 $(n + 1)$ 的組合一共有 n 組，右邊就是 $n \times (n + 1)$。回想一下，一開始在左邊乘了 2，所以除以 2 的話，就可以計算

$$(1 + 2 + \cdots + n) = \frac{1}{2}n(n + 1)$$

利用這個算式，

$$(\text{圖形C}_n\text{的面積}) = \frac{1}{2}n(n+1) \times \left(\frac{a}{n}\right)^2 = \frac{1}{2}\left(1+\frac{1}{n}\right) \times a^2$$

當 n 愈大，就可以忽略括號中的 $1/n$ 的那一項，當 n 是無限大的極限時，面積就成為 $a^2/2$。這跟一開始計算的直角三角形面積一致。如果使用剛剛的積分記號，就能夠寫成：

$$\int_0^a x\,dx = \frac{a^2}{2}$$

　　二次函數 $y = x^2$ 的 $x = 0$ 到 $x = a$ 為止的面積也可以用同樣的方法計算。要詳細說明的話，計算相當冗長，但是阿基米德在西元前 3 世紀，就發現了二次函數的積分公式，如果都不說明的話，實在有點遺憾。那就稍微提一下吧。二次函數 $y = x^2$ 的時候，圖形 C_n 的底邊 $\epsilon = a/n$，高是 ϵ^2、$(2\epsilon)^2$、$\cdots$的長方形的集合，因此面積就是：

$$\begin{aligned}(\text{圖形C}_n\text{的面積}) &= \epsilon^2 \times \epsilon + \cdots + (n\epsilon)^2 \times \epsilon \\ &= (1^2 + 2^2 + \cdots + n^2) \times \left(\frac{a}{n}\right)^3\end{aligned}$$

這裡出現的和可以這樣計算：

$$1^2 + 2^2 + \cdots + n^2 = \frac{1}{3}n^3 + \frac{1}{2}n^2 + \frac{1}{6}n$$

因此：

$$(\text{圖形C}_n\text{的面積}) = \left(\frac{1}{3} + \frac{1}{2n} + \frac{1}{6n^2}\right)a^3$$

這時候，當 n 是無限大時，就可以計算積分。

$$\int_0^a x^2 dx = \frac{a^3}{3}$$

根據同樣的方法，也可以計算更高階函數的積分。為了要計算 $y = x^k$ 從 $x = 0$ 到 $x = a$ 為止的積分，就必須要計算（$1^k + 2^k + \cdots + n^k$）。1636 年，因為「最後定理」成名的費馬寫了一封信給朋友，信上寫到因為：

$$\frac{n^{k+1}}{k+1} < 1^k + 2^k + \cdots + n^k < \frac{(n+1)^{k+1}}{k+1}$$

所以，$y = x^k$ 的積分是可以計算的。實際上，這個不等式使用阿基米德逼近法的話，積分會成為：

$$\int_0^a x^k dx = \frac{a^{k+1}}{k+1}$$

而發現對一般的 k 的 $1^k + 2^k + \cdots + n^k$ 的正確公式的，是江戶時代的和算家關孝和，他過世後的 1712 年，他的弟子出版的《括要算法》中發表了這個算式。但在隔年，也就是 1713 年出版的雅各布·白努利的遺稿中，也猜想到了幾乎相同的算式。他就是第三話第四節中登場的，發現納皮爾常數的數學家。

證明了關孝和跟白努利公式的是歐拉。因為那時的日本是鎖國的狀態，所以歐拉並不知道關孝和的成就，當他算出公式的係數之後就稱為白努利數，之後這樣定名了。關孝和跟白努利是各自獨立發現的，應該稱為關－白努利數才是。

6 飛行中的箭是靜止的嗎？

　　如同積分跟面積及體積的計算密切相關，微分跟速度的計算有密切關係。為了思考關於速度的問題，請芝諾再出場一次吧。第五話提過芝諾的「阿基里斯與烏龜」悖論，這邊要介紹另外一個悖論。

　　想像一下正在飛行的箭。如果時間是「瞬間」的集合，那麼每一個「瞬間」，箭會存在於空間裡的一個定點。既然在空間裡的一個定點，那麼就等於沒有移動，這就是「飛行中的箭其實是靜止的」這項悖論。這個主張看起來很愚蠢，究竟是哪邊有問題呢？

　　試著想一下「速度」究竟是什麼。如果一小時可以走 3.6 公里，那就是時速 3.6 公里。速度就是，前進的距離除以前進所需要的時間，

$$\frac{3.6\ 公里}{1\ 小時} = \frac{60\ 公尺}{1\ 分鐘}$$

時速 3.6 公里等於分速 60 公尺。如果將測量的時間縮得更短，那就會變成秒速 1 公尺。

$$\frac{60\ 公尺}{1\ 分鐘} = \frac{1\ 公尺}{1\ 秒}$$

雖然時間變短之後，移動距離也縮短了，但是只要是用同樣的速度前進，時間跟距離的比值並不會改變。這時候，如果將測量時間一直一直縮短，縮短成零的極限的話，應該可以定義出某個瞬間的速度吧。

　　假設是在直線上從左向右移動，就可以利用直線座標 x 測量位置。假設時間點 t 的時候位置是 $x(t)$，從時間點 t 到 t' 的這段時間

內移動的距離就成為 $(x(t') - x(t))$。這之間的平均速度是 $(x(t') - x(t)) \div (t' - t)$。這時候，當 t' 與 t 愈來愈接近，到達 $t' - t$ 的極限時，應該就能夠知道時間 t 的速度。但是，在這個極限中，$x(t) - x(t)$ 與 $t - t$ 都是零，不小心計算的話會變成零除以零，變成沒有意義，所以計算時要注意。

舉例而言，當 $x(t) = t$ 時，就成為：

$$\frac{x(t') - x(t)}{t' - t} = \frac{t' - t}{t' - t} = 1$$

極限的時候似乎會變成零除以零的原因，是因為分子與分母的兩方都有 $(t' - t)$，如果先將分子分母的 $(t' - t)$ 上下消除，那麼 $t' = t$ 就不會發生問題了。

接著，考慮一下 $x(t) = t^2$ 的情況吧：

$$\frac{x(t') - x(t)}{t' - t} = \frac{t'^2 - t^2}{t' - t} = \frac{(t' - t)(t' + t)}{t' - t} = t' + t$$

這時候分子跟分母的 $(t' - t)$ 也可以互相消除。因為可以上下消除，所以當 $t' = t$ 的時候，速度是 $2t$。也就是，速度對 t 成比例的增加。

為了要計算某個瞬間的速度，思考 $(x(t') - x(t)) \div (t' - t)$ 的 $t' \to t$ 極限的話，變成零除以零的這件事，就跟前面提到的例子一樣，首先先把分子分母的 $(t' - t)$ 互相約分，然後再取極限就沒有問題了。利用微分的定義，就可以表示成：

$$\frac{dx(t)}{dt} = \lim_{t' \to t} \frac{x(t') - x(t)}{t' - t}$$

右邊的 lim 記號是表示 limit 的意思。微分是英國的牛頓與德國的萊布尼茲兩個人各自分別想出來的，表示微分的記號 dx/dt，跟積分一樣是根據萊布尼茲的記法。

回到芝諾悖論，成為問題點的，就是：

$$\frac{x(t') - x(t)}{t' - t}$$

「當 $t' \to t$ 的極限時，到底怎麼計算呢？」分別計算分子與分母的極限的話，就會出現矛盾。例如，如果先計算分子的 $x(t') - x(t)$，而得到零，那麼就成為零除以 $(t' - t)$，之後，分母的 $(t' - t)$ 即使變小了，值仍然是零。這就是「飛行中的箭是靜止的」的含義。也就是說，芝諾悖論其實是取極限的方法的問題。不能將分子與分母的極限分別考慮，而是要將 $(x(t') - x(t)) \div (t' - t)$ 的分子與分母合起來作為一個整體一起思考，$t' \to t$ 時的極限，就具有「瞬間速度」的含義。要明白這個道理，花費了從芝諾到牛頓以及萊布尼茲之間長達 2100 年以上的歲月。

7 微分是積分的逆運算

牛頓與萊布尼茲最重要的發現之一，就是微分與積分彼此之間的逆向計算關係。假設某個函數 $f(x)$，從 0 積分到 a，就變成：

$$\int_0^a f(x)dx$$

這可以想成是 a 的函數。這時候，對 a 微分則成為：

$$\frac{d}{da}\int_0^a f(x)dx = f(a)$$

變成原本的函數 $f(x)$ 在 $x = a$ 時的狀態，這就是微分與積分是逆向操作的含義。

來證明這件事吧。一般而言，一個圖形 A 可以分成兩個圖形 B 與 C 的時候，表示成：

面積（A）＝面積（B）＋面積（C）

這時候假設圖形 A 是曲線 $y = f(x)$ 下方區間在 $0 \leq x \leq b$ 區間的區塊。將這個區間分割成 $0 \leq x \leq a$ 與 $a < x \leq b$，面積也能夠分割成：

$$\int_0^b f(x)dx = \int_0^a f(x)dx + \int_a^b f(x)dx$$

將右邊第一項利用移項，移往左邊，就成為：

$$\int_0^b f(x)dx - \int_0^a f(x)dx = \int_a^b f(x)dx$$

將這個算式帶入微分的定義，就成為：

$$\frac{d}{da}\int_0^a f(x)dx = \lim_{a' \to a}\frac{\int_0^{a'} f(x)dx - \int_0^a f(x)dx}{a' - a} = \lim_{a' \to a}\frac{\int_a^{a'} f(x)dx}{a' - a}$$

為了計算微分，當 a' 愈來愈接近 a，愈來愈小時，$a<x<a'$ 的短區間中，$f(x)$ 幾乎沒有變化，因此，積分 $\int_a^{a'} f(x)dx$，底邊（$a'-a$）高度 $f(a)$ 的長方形面積近似：

$$\int_a^{a'} f(x)dx \fallingdotseq (a'-a) \times f(a)$$

將它帶入之前的算式，就成為：

$$\frac{d}{da}\int_0^a f(x)dx = \lim_{a'\to a}\frac{(a'-a)\times f(a)}{a'-a} = f(a)$$

於是就可以明白，將積分微分的話，就恢復成原本的函數了。相反的，也可以表示將函數微分之後再積分，就可以恢復成原本的函數。

$$\int_a^b \frac{df(x)}{dx}dx = f(b) - f(a)$$

牛頓與萊布尼茲的「微積分學的基本定理」就是說明微分跟積分之間是逆向操作。

日本高中教科書中，首先先定義微分，接著定義積分是微分的逆向操作。因此日本的高中數學中，「微積分學的基本定理」並不是定理，而是積分的定義。而這一節的說明，將積分定義為「曲線 $y = f(x)$ 底下的面積」，因此「微積分學的基本定理」就成為定理了。

8 指數函數的微分與積分

與積分相比，微分更要注意取極限的方法，在數學中是相對高階的概念。但儘管如此，日本的高中還是會先教微分的理由之一，可能是因為相比之下微分的計算比較簡單。

試著計算一下第三話出場過的、使用了納皮爾數「e」的指數函數 $f(x) = e^x$ 的微分吧。首先，從微分的定義開始：

$$\frac{de^x}{dx} = \lim_{x' \to x} \frac{e^{x'} - e^x}{x' - x}$$

在「天文數字也不怕」那一話裡說明了，關於指數函數，下面的方程式可以成立。

$$e^{x+y} = e^x \times e^y$$

於是，使用這個方程式，右邊的分子就變成：

$$e^{x'} - e^x = (e^{x'-x} - 1) \times e^x$$

指數函數的微分就可以寫成：

$$\frac{d}{dx} e^x = \left(\lim_{x' \to x} \frac{e^{x'-x} - 1}{x' - x} \right) \times e^x$$

將這個算式的右邊定義 $x' - x = \epsilon$，$x' \to x$ 的極限與 $\epsilon \to 0$ 是相同的事情，於是成為：

$$\frac{de^x}{dx} = \left(\lim_{\epsilon \to 0} \frac{e^\epsilon - 1}{\epsilon} \right) \times e^x$$

這個算式右邊出現的極限值為：

$$\lim_{\epsilon \to 0} \frac{e^\epsilon - 1}{\epsilon} = 1$$

這個證明雖然簡單，但是需要一點計算，在此先省略。使用這個證明，就能明白指數函數 e^x 的微分，剛剛好變回自己本身了。

$$\frac{de^x}{dx} = e^x$$

可以計算微分的話，根據「微積分學的基本定理」，也可以輕易算出積分。首先，將現在算好的微分公式的兩邊做積分，就成為：

$$\int_a^b \frac{de^x}{dx} dx = \int_a^b e^x dx$$

使用基本定理的話，算式的左邊就成為：

$$\int_a^b \frac{de^x}{dx} dx = e^b - e^a$$

也就是：

$$\int_a^b e^x dx = e^b - e^a$$

不要借助微分的幫忙，也可以利用定義直接計算指數函數的積分。與微分相比，積分的計算工程浩大。

　　關於三角函數 sin x, cos x, tan x，也可以利用微分的公式反過來直接計算積分。

　　對於像指數函數與三角函數這種高中學過的函數，微分的計算比積分簡單很多。但是，可以嚴密地計算出微積分的函數，除了次方函數、指數函數、三角函數之外並不多。在數學的應用中出場的函數中，有些能夠近似於這三種函數中的其中一種，但是也有許多一定得利用電腦進行數值計算否則沒有辦法積分的。雖然指數函數及三角函數的微積分計算也有其實用性，但是我認為，對於自由人的教養而言，先確實了解微分跟積分的意義比較重要，所以這一次，我試著從積分開始講解。

愈來愈難了啊～～～

沒關係的。加油！

第八話

真實存在的「幻想的數」

序 幻想的朋友、幻想的數

妳剛上幼稚園的時候，我從園長那邊得到許多建議，其中一個就是關於「幻想的朋友」（imaginary friend）這個現象。兩歲到七歲之間的小孩，會擁有想像中的朋友。例如，理應只有小朋友單獨一人在房間裡的夜半時間，卻傳來聽起來很開心的對話。或者是：

小朋友：小蘇菲說我的壞話。

家長：小蘇菲是誰呢？

小朋友：她住在我房間的櫃子裡唷。

家長如果聽到像這樣的對話不用擔心。據說跟幻想中的朋友對

話，對兒童的心理成長是有幫助的。根據美國的調查，將近七成的小孩，到七歲為止都有過幻想的朋友。

如同幻想的朋友對小孩的成長有幫助一般，幻想的數對數學的發展也很重要，也就是「虛數」。「虛數」給人一種說不出的神祕的數的印象，英語則是稱為「imaginary number」，也就是人類幻想（imagine）出來的數的意思。

幻想的朋友通常在小朋友上小學之後就會消失。據說很多情況是因為與現實中的朋友玩耍而太忙了，等到想起來打開櫃子一看，幻想中的朋友已經不在了。與此相對的，幻想的數隨著數學的發展而愈來愈真實。到現在，幻想的數已經全方位在數學各個專門領域活躍。

下面這個就是出現虛數的知名方程式之一：

$$e^{i\pi} + 1 = 0$$

納皮爾數 e、圓周率 π、無論乘上任何數都依然是數本身且被稱為「乘法單位」的 1、無論加上任何數都是數本身且被稱為「加法單位」的 0 以及這一話的主角「虛數單位」，全部都聚集在一個方程式裡了。小川洋子的《博士熱愛的算式》中，化解未亡人與看護者心中殘留的遺憾的，就是這項被寫在博士的筆記紙上的公式。這一話的後半，會說明關於這個算式成立的理由及其所代表的意義。

1 不管怎樣都會出現「平方之後變成負數」

國中三年級的數學，教過二次方程式

$$Ax^2 + Bx + C = 0$$

的公式解是

$$x = \frac{-B \pm \sqrt{B^2 - 4AC}}{2A}$$

只有在平方根中不為負數的情況下，這個公式解才是實數解。所以也把平方根中的 $(B^2 - 4AC)$ 稱為二次方程式的「判別式」。

　　舉一個判別式 $(B^2 - 4AC)$ 是負數的二次方程式為例：

$$x^2 + 1 = 0$$

這個方程式的判別式 $B^2 - 4AC = -4$ 是負數，所以沒有實數解。為了能具體了解沒有實數解的觀念，我們可以像圖 8-1 那樣在座標系上畫出拋物線 $y = x^2 + 1$。當這個算式的 $y = 0$ 的時候，就成為原本的方程式 $x^2 + 1 = 0$，這個方程式的解是拋物線的曲線與 x 軸 $(y = 0)$ 相交時的 x 值。但是此情形為拋物線永遠在 x 軸的上方、與 x 軸沒有交點。只要 x 是實數，那麼 $x^2 + 1$ 一定是正的，拋物線 $y = x^2 + 1$ 永遠在 $y = 0$ 的上方。因此，這個方程式沒有實數解。

　　雖然有種說法是虛數是為了解出像這種沒有實數解的二次方程式的解而發想出來的，但是事實並非如此。在歷史上，利用數

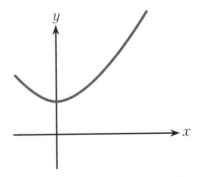

圖 8-1　$y = x^2 + 1$ 的曲線，與 x 軸不相交

學的方法認真思考關於虛數的，並不是二次方程式，而是在研究三次方程式的解法的時候。如果是二次方程式的情況下，只要說「如果判別式（$B^2 - 4AC$）是負數的時候，方程式沒有實數解」，話題就可以結束了，並沒有為了要讓二次方程式有解答，而思考出虛數的強烈動機。

然而，在三次方程式的情況下，就不能這樣做了。

$$x^3 - 6x + 2 = 0$$

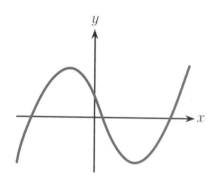

在這個方程式中，有三個實數解 x。為了能更加了解這個概念，畫出像圖 8-2 那樣 $y = x^3 - 6x + 2$ 的曲線。因為曲線穿過 x 軸三次，所以就可以明白 $x^3 - 6x + 2 = 0$ 的確有三個實數解。

圖 8-2　$y=x^3$-6x+2 的曲線，與 x 軸相交三次

就像二次方程式有公式解一般，三次方程式的解也可以使用平方根以及立方根表示。據說這個方法是 16 世紀時，義大利的費羅（Ferro）與塔利亞（Tartaglia）分別獨自發現的，但是卻被卡當諾（Cardano）在著作《大術》（*Ars magna*，意為「偉大的技藝」）裡公開，所以稱為「卡當諾公式」。卡當諾公式將會在下一話第九節介紹伽羅亞理論時說明。

　　將 $x^3 - 6x + 2 = 0$ 代入卡當諾公式，其中一個解就是

$$x = \sqrt[3]{-1 + \sqrt{-7}} + \sqrt[3]{-1 - \sqrt{-7}}$$

明明應該是實數解，但是右邊卻出現了 $\sqrt{-7}$ 這樣的數。實數的平方一定是零或正數，因此，$\sqrt{-7}$ 不可能是實數——這，就是虛數。但是，如果不要想的那麼複雜，單純將 $\sqrt{-7}^2 = -7$ 代入計算後，還是可以得到方程式 $x^3 - 6x + 2 = 0$ 的解。因為是很簡單的計算，可以算算看、確認一下。

　　儘管有虛數，右邊整體經過計算之後還是會得到實數。因為解答是實數，感覺似乎可以有只使用實數的公式，但是如果要使用平方根以及立方根解答像方程式 $x^3 - 6x + 2 = 0$ 這樣的方程式的話，就不得不使用虛數了。16 世紀的數學家無論怎麼努力都無法從公式解中將虛數去除。其中的緣由，要到 19 世紀發現伽羅亞理論後才能初次明白。

　　明明應該是實數解，但是為了表示實數解卻又需要虛數。數學家認為，像 $\sqrt{-7}$ 這樣的虛數是在使用卡當諾公式的過程中，為了方便計算而暫時出現的表示方法，而虛數本身沒有意義。就像小朋友長大之後，幻想的朋友也會消失一般，$\sqrt{-7}$ 也是幻想出來的數字，在計算結束之後，就會消失了吧。

　　然而，在這之後數個世紀裡，幻想的數居然在各式各樣的數學問題之間愈來愈活躍。與此同時，數學家們對於擴張數學概念的抗拒也變薄弱。第二話裡提到，「負數」是到 17 世紀後半才在歐洲被廣為接受。而到了 19 世紀，虛數的意義終於真相大白。

2 從一維的實數到二維的複數

實數的平方一定是零或正數。而且只有當原本的數為零,平方之後才會是零。因此,在實數的世界中,不存在平方後成為負數的數。如果要思考平方之後會成為負數的數,就不得不向外飛出實數的世界。

回想一下第六話〈測量宇宙的形狀〉中提到的笛卡兒座標系。在笛卡兒座標系中,使用兩個實數的組合(a, b)來指定二維平面上的點的位置。試試看將這個組合本身想成一個數,然後定義這個數的加、減、乘、除。因為是兩個實數的組合,是由複數個要素組合成的一個數,所以也稱為「複數」。

或許會覺得將實數的組合(a, b)當做一個新的數來思考很奇妙,但是仔細想想的話,分數不也是兩個整數的組合嗎?分數a/b就是兩個整數的組合$[a: b]$呢。分數加法的計算是:

$$\frac{a}{b} + \frac{c}{d} = \frac{ad + bc}{bd}$$

如果將這個想成是數的組合$[a: b]$的計算的話,就會成為:

$$[a: b] + [c: d] = [ad + bc: bd]$$

同樣地,分數乘法的計算是:

$$\frac{a}{b} \times \frac{c}{d} = \frac{ac}{bd}$$

也可以解釋成下面的算式:

$$[a:b] \times [c:d] = [ac:bd]$$

也就是說，分數是關於整數的組合 $[a:b]$ 的加法及乘法的定義。然而分數還有另一個性質，那就是約分。

$$\frac{a \times c}{b \times c} = \frac{a}{b}$$

這是指，即使是相異的整數組合，只要組合數的比相同，就可以視為是同樣的數。

　　同樣的，「複數」也可以想成是數的組合。現在是兩個實數的組合，然而卻沒有像剛剛提到的約分那樣的規則。另外，加法及乘法的規則也跟分數不一樣。

　　首先，試著定義加法及減法的規則。

$$(a, b) \pm (c, d) = (a \pm c, b \pm d)$$

決定了加法的規則之後，乘法的規則也被決定了。這是因為第二話提到的「三個規則」，也就是結合律、交換律及分配律不成立就不行。利用第六話引用的笛卡兒的《談談方法》，允許作為乘法規則的「完全列舉」的方法的話，就能夠明白只有一種可能性[*1]。

＊註1：實際上，如果要「完全列舉」的話，除了這個之外，還有其他兩種可能性。其中一個是 $(a, b) \times (c, d) = (a \times c, b \times d)$，這個方法不管是加法或乘法，因為只是將兩個實數組合在一起，並沒有做出「新」的數。另一個是 $(a, b) \times (c, d) = (ac, ad+bc)$，這個方法則是，對於不管任何的實數 b, d 而言，都會成為 $(0, b) \times (0, d) = 0$，就無法計算除法了。因此，要自然的將數朝向二維面擴張的話，只有本文中提到的方法。

$$(a, b) \times (c, d) = (a \times c - b \times d, a \times d + b \times c)$$

像這樣決定乘法的規則之後，因為除法是乘法的逆運算，所以也決定了複數的除法規則。

$$(a, b) \div (c, d) = \left(\frac{a \times c + b \times d}{c^2 + d^2}, \frac{b \times c - a \times d}{c^2 + d^2} \right)$$

可以自由地使用加減乘除，也滿足了基本規則，所以應該可以將實數的組合 $[a : b]$ 當成一個「數」來思考了。當然，因為複數是「實數的擴張」，所以其中一定包含實數。在複數的世界中，可以將 $(a, 0)$ 這樣的數想成實數，現在我來說明這件事。

如果說實數 a 是表示直線上位置的數，那麼兩個數的組合 (a, b) 就可以想成是表示二維平面上的位置。如果在平面上使用笛卡兒座標系的話，a 是 x 座標，b 就是 y 座標的值。也就是說，這個平面是複數的世界。於是，$(a, 0)$ 就位在 x 軸上。將這個代入剛剛定義的複數的加法及乘法規則，就成為：

$$(a, 0) + (c, 0) = (a + c, 0), (a, 0) \times (c, 0) = (a \times c, 0)$$

這樣跟普通的實數 a 與 c 的加法及乘法的規則完全一樣。也就是說，在表示複數的平面中，實數就位在 x 軸上。從一維的實數世界前往二維的世界，這就是「向複數擴張」。

因為加法會成為 $(a, b) + (c, d) = (a + c, b + d)$，所以複數 (a, b) 可以寫成：

$$(a, b) = (a, 0) + (0, b)$$

右邊的 $(a, 0)$ 是普通的實數，加上的 $(0, b)$ 就是「擴張」的部分。在剛剛提到的 $x - y$ 平面中，雖然 $(0, b)$ 對應到 y 軸上的點，但是乘法的規則跟普通實數的乘法規則是不一樣的。剛剛提到的 (a, b)、(c, d) 的乘法算式中，假設 $a = c = 0$ 就成為：

$$(0, b) \times (0, d) = (-b \times d, 0)$$

特別是，當 $b = d = 1$ 的話，就成為：

$$(0, 1) \times (0, 1) = (-1, 0)$$

因為 $(-1, 0)$ 與實數 (-1) 是相同的，所以也可以寫成：

$$(0, 1)^2 = -1$$

這不就成為沒有實數解的方程式 $x^2 + 1 = 0$ 的解了嗎？

　　在實數的世界中，因為 1 不管乘上任何數，都依然是數本身，因此被稱為「乘法單位」。將數的概念向複數擴張的話，平方之後成為 (-1) 的數就登場了。這個數被稱為「虛數單位」，可以利用 i 這個記號表示。也就是：

$$i = (0, 1) = \sqrt{-1}$$

複數可以分解成 $(a, b) = (a, 0) + (0, b)$，$(a, 0)$ 跟實數 a 相同，而 $(0, b)$ 則利用虛數單位 i，可以寫成 ib，於是就可以表示成：

$$(a, b) = a + ib$$

這就是在高中時學習的複數的表示方法。

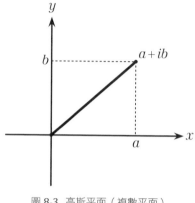

圖 8-3　高斯平面（複數平面）

據說最初想到平方之後成為（－1）的數的，是古希臘的數學家及工程學家海龍，也就是在第七話中提到的，借閱了阿基米德的信的人。然而，數學家為了像虛數這樣的數在數學上有沒有意義這件事，困擾了將近 1000 年。例如，笛卡兒認為虛數是很討厭的，因此命名為 nombre imaginaire，意思是指這是實際上不存在，由數學家幻想出來的數，這也成為英語 imaginary number 及「虛數」的語源。

複數，是在高斯提出了像圖 8-3 那樣，將複數表示成平面上的位置的見解之後，才真正在數學的世界中得到市民權[2]。有趣的是，雖然笛卡兒對複數的存在抱持著懷疑的態度，但是他開發的笛卡兒座標系卻為複數建立了基礎。表示複數的平面，稱為「複數平面」，也因為高斯的關係稱為「高斯平面」。我前面一開始說明複數時，就利用了高斯的想法。

使用複數的話，就能夠解答任何的二次方程式。

$$Ax^2 + Bx + C = 0$$

＊註 2：雖然在高斯之前，挪威的數學家卡斯帕爾·韋塞爾（Caspar Wessel）也有想到複數平面，但是因為是用丹麥語發表，所以並沒有廣為人知，而高斯是在 6 年後獨立發現的。

不管是任何實數 A、B、C 都能夠表示成下面的公式解。

$$x = \frac{-B \pm \sqrt{B^2 - 4AC}}{2A}$$

當 $B^2 - 4AC < 0$，只要想成

$$x = \frac{-B \pm i\sqrt{4AC - B^2}}{2A}$$

就可以了。而且，即使是 A、B、C 本身就是複數的情況，公式也能成立。能夠像這樣自由計算，就是複數的絕妙之處。

　　為了能自由解答二次方程式，複數是必須的。那麼，三次或是四次方程式又是怎樣呢？需要將數更加擴張嗎？與發現微積分的牛頓相互競爭的萊布尼茲主張，對於四次方程式而言，有著即使使用複數也無法得到解答的四次方程式。例如，$x^4 + 1 = 0$，因為這個方程式可以寫成：

$$x^4 + 1 = (x^2 + i)(x^2 - i) = 0$$

所以，$x^2 = \pm i$。如果將目光集中在 $x^2 = i$，平方根就是 $x = \pm \sqrt{i}$。萊布尼茲認為，因為 $\sqrt{i}$ 不是複數，所以這個方程式無法使用複數解答。然而，萊布尼茲卻錯了。如果使用虛數單位的性質 $i^2 = -1$，則：

$$\left(\frac{1}{\sqrt{2}} + \frac{i}{\sqrt{2}}\right)^2 = \frac{(1+i)^2}{2} = \frac{1+2i+i^2}{2} = i$$

因此 $\sqrt{i}$ 可以表示成複數：

$$\sqrt{i} = \frac{1}{\sqrt{2}} + \frac{i}{\sqrt{2}}$$

其實，只要利用複數，就能夠解任何次方的方程式，這就是最重要的數學定理之一的「代數基本定理」。這個定理的證明，寫在高斯（又是他！）22 歲時出版的學位論文裡。高斯認為這個定理非常重要，在那之後，居然又想出了三個不同的證明。最後一個證明是在第一個證明之後的 50 年，也就是高斯 72 歲的時候想到的。

複數是將兩個實數的組合作為一個「數」思考而能夠計算加、減、乘、除法的方法。但是，為什麼非要兩個數的組合不可呢？例如，難道不能將三個實數 (a, b, c) 組合，將數的概念更加地擴張嗎？

19 世紀的愛爾蘭數學家物理學家威廉．哈密頓（William Hamilton）熱中於研究這個問題。他花費了十年以上的歲月，想要利用三個實數的組合做出新的數。他每晚都在書房裡研究到深夜，早上起床時，孩子們問「爸爸，三個數字一組的乘法算好了嗎？」，而哈密頓回答「還沒，還只能算加法跟減法」，據說這樣的早晨對話已經成為一種習慣。

1843 年 10 月 16 日，哈密頓跟妻子如同往常一般在都柏林的運河河畔散步，在 Broom 橋畔突然靈光一閃，如果不要執著於三個數字，不是也可以考慮四個數字的組合

圖 8-4　刻在 Broom 橋上，紀念哈密頓的發現的石版（JP 提供）

嗎？抱著感激的心情，哈密頓利用帶在身上的小刀，在 Broom 橋頭刻下四個數字組合的乘法運算規則（圖 8-4）。這成為被稱為「四元數」的數。

雖然四元數也在許多數學問題中出現，但是不像複數那般頻繁使用。回到複數的話題吧。

3 複數的乘法是「旋轉延伸」

想想看，在高斯平面上的複數加法跟乘法計算是怎麼一回事呢？

首先，加法可以表示成：

$$(a, b) + (c, d) = (a + c, b + d)$$

如果使用虛數單位 i 的話，也可以寫成：

$$(a + ib) + (c + id) = (a + c) + i(b + d)$$

看圖 8-5 就能明白，假設原點、(a, b)、(c, d) 是平行四邊形的頂點，兩個複數的和 $(a + c, b + d)$ 就成為平行四邊形的另一個頂點。這就是複數加法的幾何學意義。

那麼，乘法的計算會變成怎樣呢？從乘法的分配律

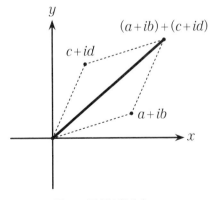

圖 8-5 兩個複數的和

會變成

$$(a + ib)\times(c + id) = a\times(c + id) + ib\times(c + id)$$

先將實數的乘法 $a\times(c + id)$ 跟虛數的乘法 $ib\times(c + id)$ 分開計算，之後再組合在一起。

首先，將複數 $(c + id)$ 乘上實數 a，再使用一次分配律的話，就變成：

$$a\times(c + id) = a\times c + ia\times d$$

利用高斯平面來思考的話，(c, d) 就變成 $(a\times c, a\times d)$。如果 a 是正數，就會變成像圖 8-6 那樣，從原點到 (c, d) 的方向不會改變，但是長度延伸變成 a 倍。當 a 是負數，方向就會相反。

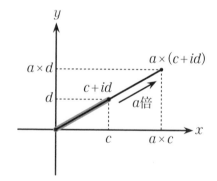

圖 8-6　將複數乘上實數，就會變成方向相同，長度延伸。

那麼乘上虛數 ib 的部分又會變成怎樣呢？首先，將 $(c + id)$ 乘上虛數單位 i，$i\times i = -1$ 的話，就變成

$$i \times (c + id) = ic - d = -d + ic$$

也就是說，(c, d) 成為 $(-d, c)$。像圖 8-7 那樣，是將 (c, d) 以原點為中心，逆時針方向轉 90 度。

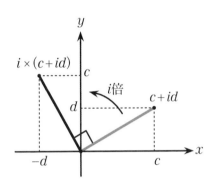

圖 8-7　將複數乘上虛數單位 i，
就會變成旋轉 90 度。

複數乘上虛數單位的話，就會旋轉 90 度。如果連續乘兩次的話，就會成為旋轉 180 度，這樣就跟乘上 -1 的效果相同了。這也表示了 $i \times i = -1$。現在考慮的是虛數單位的乘法，如果是乘上 b 倍的 ib 的乘法，就會成為

$$ib \times (c + id) = -b \times d + ib \times c$$

高斯平面上的 (c, d) 變成 $(-b \times d, b \times c)$，也就是旋轉 90 度之後，再把長度延伸成為 b 倍。

實數 a 的乘法是將高斯平面上的複數 (c, d) 與原點的距離延伸 a 倍。虛數 ib 的乘法是將 (c, d) 旋轉 90 度之後，再延伸 b 倍。那麼，將這兩個組合起來的 $(a + ib)$ 的乘法又會變成如何呢？

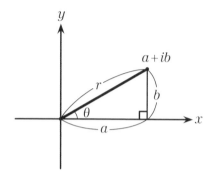

圖 8-8 以原點、a、a + ib 為頂點的直角
三角形,斜邊長度是 $r = \sqrt{a^2 + b^2}$

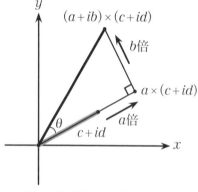

圖 8-9 複數的乘法是「旋轉延伸」

首先,像圖 8-8 那樣,思考一個以原點與 (a, b) 以及 (a, b) 到 x 軸做垂線的交點 $(a, 0)$ 為頂點的三角形,底邊與斜邊的角度是 θ,斜邊的長度為 $r = \sqrt{a^2 + b^2}$。

接著,像圖 8-9 那樣,試著想像一個由原點、$a \times (c + id)$、$(a + ib) \times (c + id)$ 為頂點組成的三角形。$a \times (c + id)$ 是 $(c + id)$ 延伸了 a 倍。而 $ib \times (c + id)$ 為頂點則是先將 $(c + id)$ 逆時針轉 90 度之後再延伸 b 倍。所以三角形的 $a \times (c + id)$ 與 $(a + ib) \times (c + id)$ 所連成的邊,會垂直於 $a \times (c + id)$,而長度則成為 b 倍。

也就是說,圖 8-8 的三角形跟圖 8-9 的三角形,不管哪一個形成直角的兩個邊的邊長比都是 $a{:}b$,因此這兩個三角形是相似三角形。圖 8-8 的三角形底邊與斜邊的夾角角度是 θ,長度的比為 r。因為圖 8-8 的三角形跟圖 8-9 的三角形是相似三角形,所以可以看出圖 8-9 的 $(a + ib) \times (c + id)$ 是 $(c + id)$ 以原點為中心旋轉 θ 度之後再延伸 r 倍而造成的。

也就是說，複數的乘法就是將點在高斯平面上的位置，先以原點為中心旋轉之後，再將點跟原點之間的長度延長。喜歡將單字組合之後創造新單字的德國人，就將複數的乘法稱為「Drehstreckung」，也就是「旋轉延伸」的意思。

4 利用乘法推導的「加法定理」

　　因為複數的乘法是「旋轉」延伸，因此如果能夠指定 $(a + ib)$ 在高斯平面上與原點的距離長度跟角度的話，就能便於很多計算。

　　作為事前準備工作，來複習一下三角函數吧。將三角函數寫成 $\sin \theta$ 或是 $\cos \theta$ 時，角度 θ 的測量單位是以「弧度」（radian）為單位。這是一種將圓一周的角度以 2π（而不是 360 度）表示的單位。三角函數的定義，是像圖 8-10 那樣，將頂點為 a、b、c 的直角三角形，以頂點 b 為直角、頂點 a 的角度為 θ。這時候，就將 $\sin \theta$ 定義為高度跟斜邊的比值：

圖 8-10　為了定義三角函數的直角三角形

$$\sin \theta = \frac{\overline{bc}}{\overline{ac}}$$

而 $\cos \theta$ 就定義為底邊跟斜邊的比值：

$$\cos \theta = \frac{\overline{ab}}{\overline{ac}}$$

　　事前工作準備好了之後，就來指定複數 $(a + ib)$ 在高斯平面上的

長度跟角度吧。請再回去看一次圖 8-8。使用三角函數的話，底邊 a 與高度 b 就可以表示成：

$$a = r\cos\theta, \ b = r\sin\theta$$

利用 (r, θ) 就可以決定 (a, b)。將這個跟複數 $(a + ib)$ 組合之後，就可以寫成：

$$(a + ib) = r(\cos\theta + i\sin\theta)$$

也就是說，取代笛卡兒座標系的 (a, b)，只要使用長度跟角度的組合 (r, θ)，就可以指定複數的位置。這就稱為「極座標」。極就是原點的意思，因為是用來表示從原點出發的角度與距離的座標，因此命名為極座標。

使用複數的「旋轉延伸」的話，可以輕易推導出三角函數的加法定理。假設有一個以原點為中心，半徑為 1 的圓，將上面的兩點的複數分別以 z_1、z_2 表示。不管哪一個點與原點的距離 r 都是 1，所以使用極座標的話，就成為：

$$z_1 = \cos\theta_1 + i\sin\theta_1, \ z_2 = \cos\theta_2 + i\sin\theta_2,$$

試著計算這兩個複數的乘法吧。

因為複數的乘法是「旋轉延伸」，所以 $z_1 \times z_2$，只是將 z_2 旋轉 θ_1 的角度（因為 $r_1 = r_2 = 1$，所以不需要延伸）。原本 z_2 與原點的角度為 θ_2，所以旋轉 θ_1 度之後，角度就變成 $(\theta_1 + \theta_2)$。寫成算式就成為：

$$(\cos \theta_1 + i \sin \theta_1) \times (\cos \theta_2 + i \sin \theta_2) = \cos(\theta_1 + \theta_2) + i \sin(\theta_1 + \theta_2)$$

將算式左邊展開之後，將兩邊的虛數部分與實數部分分別用等號相連之後，就成為：

$$\cos \theta_1 \cos \theta_2 - \sin \theta_1 \sin \theta_2 = \cos(\theta_1 + \theta_2)$$
$$\sin \theta_1 \cos \theta_2 + \cos \theta_1 \sin \theta_2 = \sin(\theta_1 + \theta_2)$$

這不就是三角函數的加法定理嗎？

5 幾何問題，用方程式來解答！

使用複數的話，就可以明白三角函數的加法定理表示成：

$$(\cos \theta_1 + i \sin \theta_1) \times (\cos \theta_2 + i \sin \theta_2) = \cos(\theta_1 + \theta_2) + i \sin(\theta_1 + \theta_2)$$

的原因。這跟第三話提到的指數函數的「乘法就變成指數的加法」性質很相似。

$$e^{x_1} \times e^{x_2} = e^{x_1 + x_2}$$

兩者的左邊明明是乘法，右邊卻變成變數的加法。在第三話的時候，從這個性質推導出：

$$(e^x)^n = e^{nx}$$

也就是「n 次方時，指數就變成 n 倍」。例如，下面的方程式：

$$(e^x)^3 = (e^x \times e^x) \times e^x = e^{2x} \times e^x = e^{3x}$$

在這邊使用到的是「將乘法變成變數的加法」這項性質，因此對於三角函數的 $\cos\theta + i\sin\theta$ 組合而言，「n 次方時，變數就變成 n 倍」這項性質應該也能成立。也就是說，成為：

$$(\cos\theta + i\sin\theta)^n = \cos n\theta + i\sin n\theta$$

這就是廣為人知的「棣美弗（de Moivre）公式」。

利用這個公式，來思考一下第二話提過的正多角形作圖吧。複數

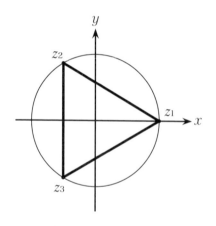

的極座標表示法 $z = r(\cos\theta + i\sin\theta)$ 是指，如果假設 θ 從 0 開始到 2π 結束，那麼，z 在座標上的圖形就會描繪出一個以原點為中心，半徑為 r 的圓。特別是當 $r = 1$ 的時候，就會成為半徑為 1 的圓。將這個圓周，像圖 8-11 那樣三等分的話，就可以描繪出圓內接正三角形。

圖 8-11 正三角形的頂點，是 $z^3=1$ 的三個解。

圓的半徑為 1 的話，頂點 z_1 的笛卡兒座標是 $(1, 0)$，作為複數可以表示成：

$$z_1 = 1$$

頂點 z_2 是旋轉 120 度，用弧度表示的話就是 $\theta = 2\pi/3$，因此：

$$z_2 = \cos(2\pi/3) + i\sin(2\pi/3)$$

同樣的，頂點 z_3 用複數表示就會成為：

$$z_3 = \cos(4\pi/3) + i\sin(4\pi/3)$$

這時候，使用棣美弗公式的話，就會成為：

$$z_2^3 = \left(\cos\left(\frac{2\pi}{3}\right) + i\sin\left(\frac{2\pi}{3}\right)\right)^3 = \cos 2\pi + i\sin 2\pi = 1$$

　　這個算式的最後使用了 $\cos 2\pi = 1$、$i\sin 2\pi = 0$。同樣的，z_3 也可以滿足 $z_3^3 = 1$。另外，1 不管乘上幾次方都還是 1，所以 $z_1^3 = 1$。因此可以明白，半徑為 1 的圓內接正三角形的三個頂點都可以滿足三次方程式

$$z^3 = 1$$

　　試著解解看這個三次方程式吧。首先，因為方程式可以進行因數分解：

$$z^3 - 1 = (z - 1) \times (z^2 + z + 1)$$

所以 $z = 1$ 是其中的一個解，這就是 z_1。剩下的兩個解，因為可以滿足 $z^2 + z + 1 = 0$ 的條件，所以利用二次方程式的公式解，可以得到

$$z = -\frac{1}{2} \pm i\frac{\sqrt{3}}{2}$$

這就是 z_2 及 z_3。

　　第二話提到過，給定長度為 1 的線段，只要有圓規跟直尺，就可以將線段兩等分。另外，因為 $\sqrt{3}$ 是底邊為 1、斜邊為 2 的直角三角形的高，因此也可以利用尺規作圖。因為只要決定原點及其中一個頂點 $z_1 = 1$ 的位置，$1/2$ 或是 $\sqrt{3}/2$ 也可以作圖，剩下兩個頂點的位置 z_2 及 z_3 也可以用圓規跟直尺決定，正三角形是可以作圖的。

　　當然，如果是正三角形的話，不用複數或是方程式也可以簡單地作圖，但是，正五角形的作圖時，就能顯現出真正的威力了。正五角形的頂點位置，是由五次方程式 $z^5 = 1$ 而決定。

　　來解解看這個方程式吧。因為 $z^5 - 1 = (z - 1)(z^4 + z^3 + z^2 + z + 1)$，因此其中一個解是 $z = 1$，剩下的四個解可以滿足方程式 $z^4 + z^3 + z^2 + z + 1 = 0$。這時候，使用一個新的變數 $u = z + 1/z$ 的話，就能夠成為 $z^4 + z^3 + z^2 + z + 1 = z^2(u^2 + u - 1) = 0$。因為 $z = 0$ 不是 $z^5 = 1$ 的解，所以方程式兩邊除以 z^2，就成為 $u^2 + u - 1 = 0$。而這個方程式的解就是

$$u = \frac{-1 \pm \sqrt{5}}{2}$$

像這樣決定了 u 的解的話，原本求解的 z 的答案也決定了 $u = z + 1/z$、也就是二次方程式 $z^2 - ux + 1 = 0$ 的解。接著，將 $z^5 = 1$ 的五個解利用下面這個複數，就可以表示成 1、ω、ω^2、ω^3、ω^4。

$$\omega = \frac{-1 + \sqrt{5}}{4} + i\frac{\sqrt{10 + 2\sqrt{5}}}{4}$$

　　如同第二話說明過的那樣，有許多線段的情況下，將那些線段長度經過加減乘除之後所得到的線段長度，就可以利用尺規來作圖。另

外，平方根的長度的線段，利用圓的話，也能夠作圖。決定正五角形頂點的方程式 $z^5 = 1$ 的解能夠表示成平方根以及加減乘除，因此，正五角形也能利用圓規及直尺作圖。雖然說正五角形的作圖法是古希臘數學偉大的成果之一，不過如果使用複數的話，就可以輕易確認正五角形的尺規作圖了。

一般而言，正 n 角形的頂點，可以利用下面的算式：

$$z_k = \cos\left(\frac{2\pi k}{n}\right) + i\sin\left(\frac{2\pi k}{n}\right) \qquad (k = 0, 1, \dots, n-1)$$

正 n 角形的頂點就是 $z^n = 1$ 的解。

高斯證明了，無論是任何自然數 n，這個方程式的解能夠表示成複數次的次方根（平方根、立方根、四次方根之類）的加減乘除以及 i。然而，為了能夠利用尺規作圖，不是所有一般次方根都能使用，而是只能使用平方根來解。高斯在 24 歲的時候，證明了「正多角形只有當將頂點的數目進行質因數分解時所出現的質因數中的奇數全部都是費馬數（Fermat number, 當 m 為自然數時，表示成 $p = 2^{2^m} + 1$ 的質數），並且同樣的費馬數不會出現兩次以上，正多角形才是可以作圖的」。雖然方程式 $z^n = 1$ 可以利用次方根以及分數計算求解，但是如果只能利用平方根及分數計算解答的話，必要條件就是 n 必須跟費馬數有關。至於原因，第九話的伽羅瓦理論（Galosis theory）將會說明。

6 連結三角函數與指數函數的歐拉公式

高中數學學習過的三角函數及指數函數雖然是完全獨立發展出來的，但是藉由複數，竟然將這兩個函數之間的關係明朗化了。

其中的關鍵，居然又是加法定理。如同剛剛看到的，指數函數的乘法法則：

$$e^{x_1} \times e^{x_2} = e^{x_1 + x_2}$$

與三角函數的加法定理很相似。

$$(\cos\theta_1 + i\sin\theta_1) \times (\cos\theta_2 + i\sin\theta_2) = \cos(\theta_1 + \theta_2) + i\sin(\theta_1 + \theta_2)$$

接著，就更進一步地，深入探討這兩個函數之間相似的性質吧。

利用加法定理所推導出的棣美弗公式：

$$(\cos\theta + i\sin\theta)^n = \cos n\theta + i\sin n\theta$$

將 θ 置換成 θ/n，方程式就能夠改寫成：

$$\cos\theta + i\sin\theta = \left(\cos\frac{\theta}{n} + i\sin\frac{\theta}{n}\right)^n$$

在這個方程式中，當 n 愈來愈大，右邊的 θ/n 就愈來愈小。

因為 n 愈大，θ/n 就愈小，所以就有近似值，近似於

$$\cos\left(\frac{\theta}{n}\right) \fallingdotseq 1, \sin\left(\frac{\theta}{n}\right) \fallingdotseq \frac{\theta}{n}$$

將這個方程式與棣莫弗公式組合之後，就成為：

$$\cos\theta + i\sin\theta = \left(\cos\frac{\theta}{n} + i\sin\frac{\theta}{n}\right)^n \fallingdotseq \left(1 + i\frac{\theta}{n}\right)^n$$

如果 n 趨近於無限大，就能夠有更嚴謹的近似值，於是方程式能夠寫成：

$$\cos\theta + i\sin\theta = \lim_{n\to\infty}\left(1 + i\frac{\theta}{n}\right)^n$$

接著，當 n 愈來愈大，方程式右邊就成為：

$$\lim_{n\to\infty}\left(1 + i\frac{\theta}{n}\right)^n = e^{i\theta}$$

如此一來，三角函數與指數函數之間的

$$\cos\theta + i\sin\theta = e^{i\theta}$$

這個關係就明朗了。為了能夠理解這個關係，必須先說明右邊的 $e^{i\theta}$ 的含意。原本指數函數 e^x 的定義中，x 應該是實數。當指數 x 成為虛數 $i\theta$ 的情況下，應該怎樣解釋 $e^{i\theta}$ 呢？

　因為在第三話中，將納皮爾數 e 定義為：

$$e = \lim_{m\to\infty}\left(1 + \frac{1}{m}\right)^m$$

將函數乘上 x 次方的指數函數 e^x，就可以表示為：

$$e^x = \lim_{m \to \infty} \left(1 + \frac{1}{m}\right)^{mx}$$

將右邊的 m，改寫成 $m = n/x$ 之後，就成為：

$$\left(1 + \frac{1}{m}\right)^{mx} = \left(1 + \frac{x}{n}\right)^n$$

因為 $m \to \infty$ 的極限，也是 $n \to \infty$，所以也能將算式

$$e^x = \lim_{n \to \infty} \left(1 + \frac{x}{n}\right)^n$$

作為指數函數 e^x 的定義。

原本指數函數 e^x，是考慮關於實數 x 的函數。然而，如果將定義擴展到當 $(1 + x/n)^n$ 的 n 大到無限大的極限值的話，那麼當 x 為複數的時候，也是有意義的。當 $x = i\theta$ 時：

$$\lim_{n \to \infty} \left(1 + i\frac{\theta}{n}\right)^n = e^{i\theta}$$

將這個公式與棣美弗公式中，當 n 成為無限大時的公式比較的話，就能夠得到

$$\cos\theta + i\sin\theta = e^{i\theta}$$

這就是「歐拉公式」。因為這個公式太過精采了，希望各位能好好品

味一下。

首先，如果使用這個公式的話，三角函數的加法定理

$$\cos(\theta_1 + \theta_2) = \cos\theta_1 \cos\theta_2 - \sin\theta_1 \sin\theta_2$$
$$\sin(\theta_1 + \theta_2) = \sin\theta_1 \cos\theta_2 + \cos\theta_1 \sin\theta_2$$

就成為

$$e^{i(\theta_1+\theta_2)} = e^{i\theta_1} \times e^{i\theta_2}$$

這個方程式跟指數函數的乘法法則是一樣的，

$$e^{x_1+x_2} = e^{x_1} \times e^{x_2}$$

只有將 x 換成 $i\theta$ 而已。在複數的世界中，指數函數的乘法法則與三角函數的加法定理是相同的。

如果使用複數的話，能夠將三角函數的加法定理表示成更精簡的 $e^{i(\theta_1 + \theta_2)} = e^{i\theta_1} \times e^{i\theta_2}$ 的形式，所以使用到三角函數的計算就變得很簡單了。這類計算在科學、工程學的各個領域中都很活躍。例如，解析水波或是電磁波等等波的性質或是交流電子電路等震動現象常常需要使用 $\cos\theta$、$\sin\theta$ 等等的三角函數，如果使用複數組合的 $e^{i\theta}$，比較能夠預料到之後的計算。

在歐拉公式 $\cos\theta + i\sin\theta = e^{i\theta}$ 中，當 $\theta = \pi$ 的時候，因為 $\cos\pi = -1$、$\sin\pi = 0$，所以會成為：

$$-1 = e^{\pi i}$$

這就是這話一開始出場的「博士熱愛的算式」。

歐拉發現這個公式的契機，是微積學的創始人之一的萊布尼茲與歐拉的老師約翰‧白努利（Johann Bernoulli，第三話及第七話都有出場的雅各布‧白努利的弟弟）之間，關於對數函數 $\log_e(-1)$ 的爭論。

　　在第三話提到的對數函數中，當定義 $y = e^x$ 的時候，相對地也定義了 $\log_e y = x$。如果 x 是實數的話，$y = e^x$ 一定是正數，因此萊布尼茲主張「不可能」有負數的對數。相對於此，約翰‧白努利認為 $\log_e(-y) = \log_e y$。如果白努利是正確的，那麼，就成為 $\log_e(-1) = \log_e 1 = 0$。

　　但是，萊布尼茲及白努利兩個人都錯了。使用「博士熱愛的算式」$-1 = e^{\pi i}$ 的話：

$$\log_e(-1) = \pi i$$

也就是說，如同白努利所主張的那樣，雖然 $\log_e(-1)$ 是有意義的，但是答案並不是零，而是 πi [*3]。萊布尼茲及白努利的爭論兩敗俱傷，歐拉寫下「這些困難已經完全解除，對數的理論已經能夠防守全部的攻擊」。

　　當數學愈來愈發達，就會發現，以前覺得毫不相關的事物之間，居然有意料之外的關聯性。三角函數誕生於從古希臘時代就開始研究的平面幾何。而指數函數是由布拉赫的天文學所觸發、納皮爾為了要簡化天文數字的計算開發的。從出生到成長、完全不相關的兩個函

---

*註 3：歐拉也指出，因為三角函數的週期性，並不僅僅是 $\log_e(-1)$ 的解答為 πi，對於所有的整數 n 而言，答案皆是 $(2n+1)\pi i$。

數，卻在「幻想的數」也就是複數的世界裡深刻地相連在一起。

　　數學原本是人類為了理解自然而創造出的事物，但是一旦被創造出來之後，就脫離了人類的掌控，自己擁有自己的生命、持續地發展。這一話提到的三角函數與指數函數的關係也是這樣，與其說是人類所創造出的物品，不如說是像歐拉那樣的探險家，發現了在數學的世界中早已存在的事物。複數本來是人類幻想出來的數，但是在擺脫了人類所居住的現實世界獨自發展出的數學世界中，複數卻是確實存在的數。

第九話
測量難度與美

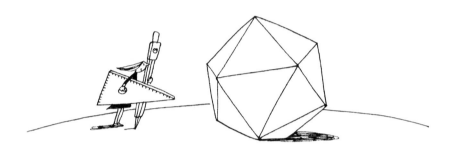

序　伽羅瓦20年的生涯與不滅的功績

　　1811 年 10 月 25 日，被譽為是 19 世紀最偉大數學家之一的伽羅瓦出生於法國，而在 1832 年 5 月 31 日去世。在短短 20 年又 7 個月的人生中，伽羅瓦究竟成就了一番怎樣的事業呢？

　　人類從古巴比倫時代就開始研究一次方程式與二次方程式的解法。一次方程式 $ax + b = 0$ 的 x 解為 $-b/a$，即使 a、b 都是整數，也會有答案變成分數的情況。如同第二話提到的，也可以說「分數」是為了解答這樣的方程式而想出來的數。

　　雖然古巴比倫人下了一番工夫研究二次方程式的解法，但是似乎只能解決利用分數就能解開的二次方程式。然而這時，如同第二話提到的，古希臘畢達哥拉斯的弟子希帕索斯發現，簡單的二次方程式 x^2

= 2 的解居然無法以分數表示。這就是無理數的起源。

　　發現二次方程式一般解的解法的，是 9 世紀的巴格達數學家花拉子米。將他的方法用現在的數學表示方法書寫的話，二次方程式

$$ax^2 + bx + c = 0$$

的解為

$$x = \frac{-b \pm \sqrt{b^2 - 4ac}}{2a}$$

也就是國中時學過的「公式解」。為了要表示解，就必須使用到平方根，因此可以說比起一次方程式，二次方程式比較「難」。

　　花拉子米所開發的方法傳到了中世紀的歐洲，數學家開始爭相想解開三次方程式及四次方程式的解法。前一話第八節提到的，三次方程式

$$ax^3 + bx^2 + cx + d = 0$$

的解法是 16 世紀的德爾・費羅與塔利亞獨立發現且被卡當諾發表在著作《大術》中，此外，卡當諾弟子法拉利發現的四次方程式

$$ax^4 + bx^3 + cx^2 dx + e = 0$$

解的公式，也記載在《大術》中。無論是哪一種情況，都是利用方程式係數 a、b、c……的立方根或平方根來表示方程式的解。

　　在平方根之外，還加上立方根，因此可以說比起二次方程式，三次及四次方程式「更難」了。例如，第二話提到過的，平方根可以用尺跟圓規作圖，然而，立方根卻無法作圖。

　　因為發現了二次、三次、四次方程式的公式解，所以數學家覺得五次方程式也應該能夠利用公式解來解答。然而，從德爾‧費羅開始300年間，數學家經過了一番努力，卻怎樣也無法找到能解答的公式。根據前一話第八節介紹的高斯的「代數基本定理」提到，無論是幾次方的方程式，都應該存在著能夠表示成複數的解。然而，照理說應該存在的解，卻怎樣也無法找到用平方根及立方根等等的次方根來表示的方法。

　　這時候登場的就是1802年在挪威出生的尼爾斯‧亨利克‧阿貝爾（Niels Henrik Abel）。阿貝爾證明了五次方程式不存在公式解。數學家一直以來所挑戰的，原來是個「根本解不開的問題」。五次方程式的情況，比三次跟四次方程式「更更難」了。

　　要證明「不可能做到」這件事是很難的。例如，第五話介紹過的「無法證明含有自然數及其計算的公設系統的無矛盾性」的第二不完備定理。方程式也是同樣情況，如果「有」公式解的話，將公式寫出來、把解答計算出來讓大家看就可以證明了。但是，要如何證明「沒有」公式解這件事呢？明明到四次方程式為止都還有公式解，難道成為五次方程式的時候，有什麼事情發生改變了嗎？為了能理解這件事，阿貝爾所使用的是「測量方程式『難度』的方法」。關於這一點，稍後會仔細說明。

　　阿貝爾在17歲的時候，覺得自己發現了五次方程式的公式解，連論文都寫好了，然而他卻弄錯了。接著，他在21歲的時候，寫了「一般一元五次方程式無公式解的代數方程式的證明」，因為理論實在太難了，所以大家無法立刻理解。幸好，他與柏林的數學家奧古斯都‧利奧波德‧克雷勒（August Leopold Crelle）成為朋友，在他創

刊的數學雜誌的第一期登載了這篇論文，這時阿貝爾 23 歲。在這之後，阿貝爾在克雷勒的雜誌上，陸陸續續發表了許多論文，名聲愈來愈高，卻一直無法獲得大學的教職。在經濟窮困的狀態下，感染了肺結核。克雷勒為了阿貝爾盡心盡力，他幫阿貝爾在柏林大學爭取到教授的職位，然而，當克雷勒的好消息到達的時候，卻已經是阿貝爾過世之後的第二天了。這時候，阿貝爾才 26 歲。

　　在挪威奧斯陸俯瞰市中心的王宮庭園中，放置著巨大的阿貝爾紀念碑（圖9-1）。設置在首都中重要地點的，不是政治家、軍人的銅像，而是一位證明了一般五次方程式沒有公式解的數學家的紀念碑，這真的是很了不起的事，更能深刻感受到挪威人多麼為阿貝爾感到驕傲。

　　雖然阿貝爾證明了五次方程式中不存在使用次方根的一般公式解，但是也有可以簡單解答的五次方程式。舉例來說，雖然 $x^5 = 1$ 是五次方程式，但是如同前一話第五節所展現的那樣，這個方程式的五個解，只需用平方根及虛數單位就能夠表示。即使是更高次數的 n 次方程式 $x^n = 1$ 的解，全部都能夠用自然數的次方根表示。這個在前一話提過高斯已經證明了這件事。

　　在這樣的情況下，阿貝爾對於「什麼情況下能夠利用次方根解答」這個問題很感興趣。

圖 9-1　挪威王宮庭院中的阿貝爾紀念碑（高斯特夫・威格朗〔 Gustav Vigeland 〕作）（作者攝影）

圖 9-2　羅浮宮美術館收藏的《自由引導人民》（德拉克羅瓦作）

因此，他想要找出所有只使用次方根就能夠解答的方程式，然而卻無法達成。

後來完成「測量方程式難度的方法」，闡明「方程式在什麼情況下用次方根就能夠解答」的，就是伽羅瓦。

伽羅瓦生活的 1811 年到 1832 年之間，幾乎與雨果小說《悲慘世界》（Les Misérables）的時代設定重疊（1815 年至 1833 年）。伽羅瓦 2 歲的時候，拿破崙被流放到厄爾巴島，因法國大革命而被廢止的波旁王朝也復興了。然而，這個王朝只維持不到 16 年，就結束在 1830 年的七月革命。羅浮宮美術館收藏的德拉克羅瓦（Delacroix）的畫作《自由引導人民》（圖 9-2），就是紀念七月革命的作品。當時 19 歲的伽羅瓦也以共和主義者的身分參加了革命。

然而就在次月，受到資本家、銀行家等中產階級推崇的路易・菲利普以君主立憲的方式即位，共和主義者遭受重大挫折。對於政治非常積極的伽羅瓦在 20 歲時遭到逮捕、入獄。然後在出獄後，接受了一項決鬥的挑戰，在決鬥中傷重不治，結束了他遭受政治混亂及社會矛盾翻弄的一生。

與阿貝爾相同，伽羅瓦也在 16 歲的時候，認為自己找到了五次方程式的解法，然而，他自己察覺到自己可能想錯了，於是轉向開始思考五次方程式沒有公式解。這已經是阿貝爾的證明的五年後了。然而，伽羅瓦卻比阿貝爾更進一步，在第二年發現了能夠判定「對於任

何次方的方程式能不能夠利用次方根解答」的方法——這才是阿貝爾本來想要達到的目標。伽羅瓦將這項結果統整為論文之後，送到法國科學院。

有一個說法是，這篇論文被擔任審查委員的柯西（Cauchy）在還沒有審查的狀態下弄丟了，因此在伽羅瓦的傳記中，屢屢將柯西寫成敵對的角色。事實上，柯西的確有過將阿貝爾投稿的重要論文弄丟過的前科。這篇阿貝爾的論文，因為挪威政府提出抗議，才終於從科學院的文件中找出來，在阿貝爾過世十年後才出版。

然而，根據最近科學史學家的研究，有了另一種說法。柯西似乎高度評價伽羅瓦投稿的論文。因此他勸伽羅瓦，不要投稿在科學院的學報，而是重新整理寫過之後參加科學院主辦的論文大賽。柯西在政治上屬於王政派，與共和派的伽羅瓦互相對立，然而在數學上卻能夠相互溝通。不幸的是，對於伽羅瓦而言，他所支持的七月革命造成王政派的柯西出逃法國，因此失去了唯一能夠理解他的理論的人。受柯西勸說而參賽的論文〈關於方程式利用次方根解答的條件〉也沒有得獎。

不僅如此，伽羅瓦的不幸依然持續著。伽羅瓦在故鄉當市長的自由派父親，因為受到保守派的中傷而自殺。此外，伽羅瓦連續兩年參加綜合理工學院的入學考都失敗。他第三次向科學院提出論文，但是在柯西出逃之後，科學院裡已經沒有能夠理解他研究的數學家了。

絕望的伽羅瓦投身革命，被捕入獄，然後迎來了決鬥。

伽羅瓦在決鬥的前一天晚上，熬夜寫了一封信給朋友薛佛勒（Anguste Chevalier），嘗試傳達現在廣為人知的「伽羅瓦理論」的全貌。並且在信的最後寫道，他正在研究一個「曖昧的理論」。然而，

直到現在都還沒有辦法知道那究竟是怎樣的理論。伽羅瓦在信中的最後，寫了下面幾句話：

我已經沒有時間了。但是，我的想法在這個廣大的領域中，卻還沒有發展得很完全。

還這麼年輕卻要面臨死亡，真是太不甘心了。

不幸中的大幸是，伽羅瓦第三次投稿給科學院的論文殘存了下來。數學家約瑟夫·劉維爾（Joseph Liouville）費盡心力解讀了論文的遺稿，在 1846 年發表了論文的解說。根據這項解說，伽羅瓦的理論終於能夠被理解接受。從古巴比倫時代開始，經過了 3000 年以上的發展，有關 x 的方程式的理論，終於有了完結篇。

然而，伽羅瓦的功績並不只有方程式的理論而已。伽羅瓦為了方程式的性質而思考出「群」的概念，成為了數學中各式各樣問題的解題關鍵。另外，群的想法在物理學中也變得非常重要。例如，2012 年在歐洲核子研究組織（CERN）發現的基本粒子「希格斯玻色子」，也有人預測如果要說明基本粒子之間作用力的性質，就必須用群的概念。

這本書最後一個話題，將解說由伽羅瓦開創的「群」的想法，以及介紹「群」在阿貝爾的「不可能有五次的一般方程式的解法」及伽羅瓦的理論中是如何使用的。

1 什麼是圖形的對稱性

　　首先，利用圖形來說明在伽羅瓦理論中扮演重要角色的「對稱性」吧。如同將圖形映照在鏡子裡一般，如果將圖形左右翻轉之後形狀也不會發生改變的話，就稱為「左右對稱」。對稱性就是將像照鏡子的左右翻轉，擴張至一般應用的概念。

　　在第六話「測量宇宙的形狀」中提到過《平面國》這本小說。小說的故事背景是二維的世界，人物都是三角形、四角形、五角形等等的平面圖形。因為是諷刺 19 世紀英國的階級社會制度的小說，所以根據圖形的形狀就決定了身分地位，底層勞動者是等邊三角形、中產階級是正三角形、紳士階級是正方形與正五角形而貴族是從正六角形開始。位於最高位階的統治者，則是聖職者的圓形。

　　為什麼正多角形的頂點數目愈多，就愈偉大呢？

　　首先，想想正三角形的對稱性吧。將正三角形以重心當做中心，不管是逆時針轉 120 度或 240 度，都能夠與原本的形狀重疊。也可以想像成將這三個頂點編號成為 1、2、3，像圖 9-3 那樣，轉 120 度之後，頂點 1 的位置成為頂點 2、頂點 2 的位置成為頂點 3、頂點 3 的位置成為頂點 1。

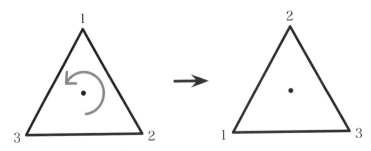

圖 9-3　以正三角形的重心為中心的旋轉

正三角形如何轉動，能夠由三個頂點如何移動決定。在這邊，將圖 9-3 那樣的 120 度旋轉，表示成

$$\begin{pmatrix} 1 & 2 & 3 \\ 2 & 3 & 1 \end{pmatrix}$$

上面那行的（123）是三個頂點的編號，而下面那行的（231）則表示了正三角形旋轉之後頂點編號的變化。

如果是在平面國的情況，讓正三角形旋轉後還能保持對稱性的，只有 120 度及 240 度旋轉而已。但是，如果讓這個三角形漂浮在三維空間的話，就有其他的旋轉方法了。舉例來說，像圖 9-4 那樣，從頂點 1 向對邊的 $\overline{23}$ 向下作垂線，以垂線為軸將三角形轉 180 度，三角形仍然與原本的形狀重疊。這個時候，頂點 1 的位置沒有改變，但是頂點 2 與頂點 3 的位置就互換了。

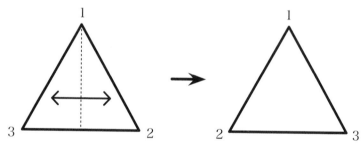

圖 9-4　以頂點 1 到對邊的垂線為軸旋轉

利用剛剛的表示方法，這樣的旋轉就成為

$$\begin{pmatrix} 1 & 2 & 3 \\ 1 & 3 & 2 \end{pmatrix}$$

像這樣，將正三角形可以跟原本的三角形重疊的旋轉，稱為三角

形的對稱性。繞重心 120 度或是 240 度的旋轉是三角形的對稱性，以頂點向對邊的垂線為軸一圈 180 度的旋轉也是對稱性。

　　正三角形的對稱性就僅止於此了。為了確認這件事，像剛才那樣，只要考慮移動後的頂點的去向就可以了。旋轉之後的頂點 1 的去向有 1、2、3 三種。

$$\begin{pmatrix}1 & 2 & 3\\1 & & \end{pmatrix}, \begin{pmatrix}1 & 2 & 3\\2 & & \end{pmatrix}, \begin{pmatrix}1 & 2 & 3\\3 & & \end{pmatrix}$$

　　決定頂點 1 的去向之後，頂點 2 的去向就只剩下剩下的兩個位置的其中一個，所以分別有兩種。

$$\begin{pmatrix}1 & 2 & 3\\1 & 2 & \end{pmatrix}, \begin{pmatrix}1 & 2 & 3\\2 & 3 & \end{pmatrix}, \begin{pmatrix}1 & 2 & 3\\3 & 1 & \end{pmatrix}$$

$$\begin{pmatrix}1 & 2 & 3\\1 & 3 & \end{pmatrix}, \begin{pmatrix}1 & 2 & 3\\2 & 1 & \end{pmatrix}, \begin{pmatrix}1 & 2 & 3\\3 & 2 & \end{pmatrix}$$

　　最後，頂點 3 的位置只剩下一個，因此三角形的三個頂點的去向一共有 $3 \times 2 \times 1 = 6$ 種

$$\begin{pmatrix}1 & 2 & 3\\1 & 2 & 3\end{pmatrix}, \begin{pmatrix}1 & 2 & 3\\2 & 3 & 1\end{pmatrix}, \begin{pmatrix}1 & 2 & 3\\3 & 1 & 2\end{pmatrix}$$

$$\begin{pmatrix}1 & 2 & 3\\1 & 3 & 2\end{pmatrix}, \begin{pmatrix}1 & 2 & 3\\2 & 1 & 3\end{pmatrix}, \begin{pmatrix}1 & 2 & 3\\3 & 2 & 1\end{pmatrix}$$

　　第一列是 0 度、120 度、240 度的旋轉，第二列是以垂線為軸 180 度的旋轉，各位能不能看出來呢？當然，0 度的旋轉就是「什麼事也不做」。雖然什麼事都不做的話，形狀不會改變是理所當然的，但是也將之算成對稱性的一種。像這樣，正三角形的對稱性就只有「沿著重心的旋轉」與「以垂線為軸的旋轉」，全部只有六種。

用同樣的方法調查一下，就能夠知道能夠保持正方形形狀的旋轉有八種、正五角形的有十種、正六角形則有十二種。一般而言，能夠保持正 n 角形形狀不變的旋轉方法有 2×n 種。在平面國的世界裡，似乎是對稱性愈多的圖形愈偉大。

像這樣二維圖形的情況，僅僅靠著圖形旋轉方法的數目，就可以決定對稱性的大小。但是，對稱性能夠提供的資訊並不僅僅於此。

2 「群」的發現

當你開始上幼稚園的時候，俄亥俄州立大學的原田耕一郎出版了名著《群的發現》。「群」是數學的用語，翻譯自伽羅瓦所使用的法語的數學用語 groupe（英語是 group），意思是「具有某些性質的元素集合」。現在就要來說說這個「某個性質」到底是什麼。

雖然剛剛提到了正三角形旋轉，但是，如果將三角形先繞著重心轉，再繞著垂線轉，會怎樣呢？繞著重心轉 120 度之後，頂點會移動成為

$$\begin{pmatrix} 1 & 2 & 3 \\ 2 & 3 & 1 \end{pmatrix}$$

例如，頂點 1 移動成為 2。而如果是將三角形以頂點 1 朝 $\overline{23}$ 往下作垂線為軸旋轉 180 度之後，頂點則會移動成為：

$$\begin{pmatrix} 1 & 2 & 3 \\ 1 & 3 & 2 \end{pmatrix}$$

例如，頂點 2 移動成為 3。所以，如果將這兩個步驟連續進行的

話，頂點 1 會以 1→2→3 的方式移動。同樣的，其他頂點的移動會是 2→3→2、3→1→1，可以用下面的方法表示：

$$\begin{pmatrix} 1 & 2 & 3 \\ 2 & 3 & 1 \end{pmatrix} \times \begin{pmatrix} 1 & 2 & 3 \\ 1 & 3 & 2 \end{pmatrix} = \begin{pmatrix} 1 & 2 & 3 \\ 3 & 2 & 1 \end{pmatrix}$$

方程式的右邊，是以從頂點 2 往對邊 $\overline{31}$ 作的垂線為軸，旋轉 180 度。因此，這個方程式顯示出將正三角形「繞重心旋轉 120 度」之後再「以從頂點 1 的垂線為軸旋轉 180 度」就會成為「以從頂點 2 的垂線為軸旋轉 180 度」。圖 9-5 顯示將正三角形這樣旋轉的話，真的會轉成方程式所表示的樣子。

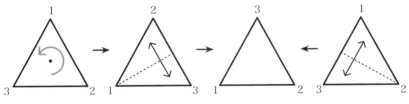

圖 9-5 左邊兩次旋轉與右邊一次旋轉的結果相同

如果正三角形的旋轉連續進行，就會成為另一種旋轉。如果想成是「旋轉的乘法」的話，就可以了解，這之中應該也擁有跟數的乘法一樣的性質。

第二話提到了加法、乘法等等的基本法則。舉例來說，乘法時結合律可以成立。

$$(a \times b) \times c = a \times (b \times c)$$

另外，對於所有的 a 而言，存在著滿足下面算式的單位「1」。

$$1 \times a = a \times 1 = a$$

也可以計算乘法的逆運算——除法：

$$a \div a = 1$$

也可以將除以 a，想成乘上 a^{-1}，所以就能夠寫成：

$$a \times a^{-1} = 1$$

　　「旋轉的乘法」也擁有像這樣的性質。例如，單位 1 就是旋轉 0 度。另外，某一個旋轉的逆運算，就是往反方向旋轉相同角度。因為如果先往某個方向旋轉，接著只要往反方向轉相同角度就可以回到原本的位置了。這個就能表示成 $a \times a^{-1} = 1$。結合律 $(a \times b) \times c = a \times (b \times c)$ 能夠成立也是一樣，只要想想乘法的定義，就能明白了。

　　像這樣，能夠計算乘法與除法、具有單位元、乘法計算中結合律能夠成立的「集合」，就稱為「群」。剛剛也提到過，這是伽羅瓦的命名。

　　「數」跟「群」之間有一些不同處。首先，「數」之間除了乘法、除法之外，也能計算加法、減法，但是，「群」不能夠計算加法、減法。此外，數的乘法中，除了結合律之外，交換律也能夠成立：

$$a \times b = b \times a$$

但是在「群」的情況下，交換律就不一定能夠成立。舉例來說，正三角形的旋轉對稱性的情況，先繞重心旋轉 120 度之後、再繞著從頂點 1 往下的垂線旋轉 180 度，就會像剛剛說明的那樣：

$$\begin{pmatrix} 1 & 2 & 3 \\ 2 & 3 & 1 \end{pmatrix} \times \begin{pmatrix} 1 & 2 & 3 \\ 1 & 3 & 2 \end{pmatrix} = \begin{pmatrix} 1 & 2 & 3 \\ 3 & 2 & 1 \end{pmatrix}$$

成為以從頂點 2 往下的垂線為軸旋轉。但是如果將乘法的順序前後調換，就成為：

$$\begin{pmatrix} 1 & 2 & 3 \\ 1 & 3 & 2 \end{pmatrix} \times \begin{pmatrix} 1 & 2 & 3 \\ 2 & 3 & 1 \end{pmatrix} = \begin{pmatrix} 1 & 2 & 3 \\ 2 & 1 & 3 \end{pmatrix}$$

這不是以頂點 2 的垂線為軸旋轉，反而是以從頂點 3 往下的垂線為軸旋轉了。也就是說，根據計算「乘」的順序不同，答案就改變了。跟數的乘法不一樣，旋轉的乘法中，交換律不成立。

　　而後面將要使用對稱性來思考「方程式能不能利用次方根解答」，那個時候「交換律能不能成立」就會是重要關鍵。

　　再說一個關於正三角形旋轉對稱性的話題吧。這個將會在之後說明三次方程式公式解的時候派上用場。

　　分別利用 Ω（Omega）及 Λ（lambda）的記號來表示正三角形的兩種不同旋轉。將繞重心旋轉 120 度表示成：

$$\Omega = \begin{pmatrix} 1 & 2 & 3 \\ 2 & 3 & 1 \end{pmatrix}$$

而以從頂點 1 往下的垂線為軸轉 180 度的旋轉，則表示成：

$$\Lambda = \begin{pmatrix} 1 & 2 & 3 \\ 1 & 3 & 2 \end{pmatrix}$$

120 度旋轉三次，就成了 360 度旋轉，也就是跟沒有旋轉是一樣的，因此：

$$\Omega^3 = 1$$

此外，180度旋轉兩次，也同樣成為360度旋轉，所以下面的算式也能夠成立。

$$\Lambda^2 = 1$$

如同剛剛看到的，繞重心的旋轉 Ω 與以垂線為軸的旋轉 Λ 是「不能交換」的。也就是說，根據計算乘法順序的不同，答案會跟著改變。

$$\Lambda \times \Omega \neq \Omega \times \Lambda$$

然而，下面的關係式卻能夠成立。

$$\Lambda \times \Omega = \Omega^2 \times \Lambda, \ \Lambda \times \Omega^2 = \Omega \times \Lambda$$

之後會說明，這就是三次方程式可以利用次方根解答的理由。利用 Λ 與 Ω 的定義，立刻可以檢查，所以請各位確認看看。

使用這個 Λ 與 Ω 的話，正三角形的六種對稱旋轉，就可以用下面的方法表示。

$$1, \quad \Omega, \quad \Omega^2$$
$$\Lambda, \quad \Omega \times \Lambda, \quad \Omega^2 \times \Lambda$$

為什麼只有這些而已呢？

例如，第一行是 $(1, \Omega, \Omega^2)$，因為 $\Omega^3 = 1$，所以這一行就到此為止了。第二行也一樣，因為 $\Omega^3 \times \Lambda = \Lambda$，所以到 $(\Lambda, \Omega \times \Lambda, \Omega^2 \times \Lambda)$ 就結束了。另外，因為 $\Lambda^2 = 1$，所以應該接續的 $(\Lambda^2, \Omega \times \Lambda^2, \Omega^2 \times \Lambda^2)$

就跟第一行相同了。

　　那麼，將 Ω 與 Λ 的順序調換，變成 Λ×Ω 的話，又會如何呢？如同上面提過的，因為 $Λ×Ω = Ω^2×Λ$，這樣也不會變成新的旋轉。無論將 Λ 與 Ω 以怎樣的順序相乘，一定會成為這六種的其中一種。因此，這樣就能夠表示全部正三角形的對稱旋轉。這個性質於之後推導三次方程式公式解時將大大派上用場。

3 二次方程式「公式解」的祕密

　　既然已經學會對稱性，那就試著利用這項概念來解方程式吧。首先是二次方程式。

　　這一話最開頭提到過，關於方程式的公式解，數學家從古巴比倫時代開始就一直思考直到現代。然而，從找到三次方程式的卡當諾公式、四次方程式的法拉利（Ferrari）公式之後，經過了好幾世紀，依然找不到五次方程式的公式解。這時候，在探索著要怎樣才能找到公式的過程中，出現了重新思考「為什麼二次、三次、四次方程式有公式解」的人。他就是出生在 18 世紀法國大革命時期，在伽羅瓦 1 歲的時候過世的拉格朗日。在第二話提到二次方程式的時候，他也有出場過。拉格朗日在 1770 年寫了一篇題目為〈關於代數方程式的解〉的論文發表在柏林研究所的學報。這篇論文使用了對稱性的思考方法，來思考方程式公式解的含義。阿貝爾、伽羅瓦也讀了這篇論文，因而想解開五次方程式的謎題。來說明拉格朗日的想法吧。

　　只要二次方程式中 x^2 的係數不是零的話，就可以將算式整體除以這個係數，使得 x^2 的係數為 1，方程式就可以表示成：

$$x^2 + ax + b = 0$$

這個方程式的解就是：

$$x = \frac{-a \pm \sqrt{a^2 - 4b}}{2}$$

這是不是方程式的解，只要代入方程式計算之後就可以確定了。但是，從這點出發，拉格朗日更進一步地想到，到底為什麼在這個公式中需要平方根呢？

將方程式的解，寫成 ζ_1、ζ_2（ζ 讀成 Zeta）。如此一來，將 ζ_1、ζ_2 代入方程式的左邊，x 就會成為零。因此，方程式能夠因式分解成為：

$$x^2 + ax + b = (x - \zeta_1)(x - \zeta_2)$$

將上式的右邊對 x 做展開之後，與左邊的係數相比，就成為：

$$a = -\zeta_1 - \zeta_2, \quad b = \zeta_1 \times \zeta_2$$

這就是高中數學裡教的「根與係數的關係」。

認真地盯著這個算式看，就會注意到一件有趣的事情。即使將兩個根 ζ_1 與 ζ_2 互相交換，a 與 b 也不會改變。也就是說，對於方程式的係數而言，兩個根的互相交換是「對稱」的。這時候，就稱為係數 a 與 b 是 ζ_1 與 ζ_2 的「對稱式」。

之前提到，正三角形旋轉的時候，考慮的是三個頂點的互換方法。同樣地，為了表示二次方程式兩個根互換的對稱性，也可以使用

這樣的記號（Γ 讀成 Gamma）。

$$1 = \begin{pmatrix} 1 & 2 \\ 1 & 2 \end{pmatrix}, \Gamma = \begin{pmatrix} 1 & 2 \\ 2 & 1 \end{pmatrix}$$

如此一來，就可以做出 1 跟 Γ 兩個「群」。因為是兩種物品（1 跟 2）交替而成的群，可以稱為「二次對稱群」，以 S_2 表示。

　　係數 a 與 b 是對稱式，與公式解中出現平方根的關聯性相當深刻。為了要能理解其中的關聯性，將兩個根用下面的方法來思考（β 讀成 Beta）。

$$\beta_+ = \zeta_1 + \zeta_2, \quad \beta_- = \zeta_1 - \zeta_2$$

利用這兩個記號的組合，可以將原本的根表示成下面的方程式。

$$\zeta_1 = \frac{1}{2}(\beta_+ + \beta_-), \qquad \zeta_2 = \frac{1}{2}(\beta_+ - \beta_-)$$

首先，從根和係數的關係，

$$\beta_+ = \zeta_1 + \zeta_2 = -a$$

能夠利用方程式的係數表示 β_+。這時候，如果 β_- 也能夠利用方程式的係數來表示的話，從上面的算式，就能夠決定 ζ_1 與 ζ_2，因此就能夠求出公式解。

　　但是，這時候出現了一個問題。如同剛剛所看到的，方程式的係數 a 與 b 是解的對稱式，因此即使 ζ_1 與 ζ_2 互換也不會改變。如此一來，利用 a、b 經過加減乘除計算之後得到的數，也應該不會因為解的互

換而改變。因為原本的 a 與 b 不會因為解的互換而改變，所以無論將 a、b 進行怎樣的加減乘除計算，應該都要維持不變才對。

另一方面，為了表示解所必須的 β_-，利用將兩個解互換的 Γ，就變成：

$$\beta_- \to -\beta_-$$

正負符號居然改變了。也就是說，無法利用 a 與 b 的加減乘除表示 β_-。但是，為了公式解，必須要利用 a 與 b 來表示 β_-。這該怎麼辦呢？

這時候想到的就是，不管是 β_- 也好、$-\beta_-$ 也罷，平方之後就相同了。

$$\beta_-^2 = (-\beta_-)^2$$

也就是說，即使無法利用 a 與 b 的加減乘除表示 β_-，只要平方之後成為 β_-^2，應該就能夠利用加減乘除表示了。試著算算看，就成為：

$$\beta_-^2 = (\zeta_1 - \zeta_2)^2 = (\zeta_1 + \zeta_2)^2 - 4\zeta_1 \times \zeta_2 = a^2 - 4b$$

這樣就可以用方程式的係數來表示了。這時候，計算兩邊的平方根，就成為：

$$\beta_- = \pm\sqrt{a^2 - 4b}$$

這樣一來，因為 β_+ 與 β_- 都能夠利用方程式的係數來表示，所以方程式的解就成為：

$$\zeta_1, \zeta_2 = \frac{1}{2}(\beta_+ \pm \beta_-) = \frac{-a \pm \sqrt{a^2 - 4b}}{2}$$

這就是二次方程式的公式解。

　　回到最剛開始的話題，二次方程式的係數 a 與 b 是根 ζ_1 與 ζ_2 的對稱式，這就是問題所在。無論將對稱式經過多少加減乘除的計算，也只能成為對稱式。另一方面，兩個根 ζ_1 與 ζ_2 是對稱群 S_2 中經過 Γ 的作用的互換，本身並不是對稱的。因此，這兩個解，無法只利用係數的加減乘除來表示。於是就需要除了加減乘除之外的方法（這次是用平方根），這是為了要利用係數來表示根。

4 三次方程式為什麼有解？

　　在二次方程式的情況時，因為已經知道公式解了，所以可能不是很能明白關於對稱性的想法在公式解中的重要性。那麼，就利用對稱性，來推導三次方程式的公式解吧。

$$x^3 + ax^2 + bx + c = 0$$

　　根據高斯的《代數的基本定理》，這個方程式一定有三個複數根（也有三個複數根偶然之間相同的情形）。將根寫成 ζ_1、ζ_2 與 ζ_3，跟剛剛相同，成為：

$$x^3 + ax^2 + bx + c = (x - \zeta_1)(x - \zeta_2)(x - \zeta_3)$$

將算式的右邊展開之後，與左邊比較，就成為：

$$\begin{cases} a = -(\zeta_1 + \zeta_2 + \zeta_3) \\ b = \zeta_1\zeta_2 + \zeta_2\zeta_3 + \zeta_3\zeta_1 \\ c = -\zeta_1\zeta_2\zeta_3 \end{cases}$$

這就是三次方程式的「根與係數的關係」。

這次考慮到三個根 ζ_1、ζ_2 與 ζ_3 之間互換的對稱性,方程式的係數 a、b、c 不管哪一個都是三個根的對稱式。就跟二次方程式的情況相同,問題是——要如何使用即使將根互換也不會改變的係數 a、b、c,來表示根 ζ_1、ζ_2 與 ζ_3。

為了要能夠理解三次方程式三個根的互換的對稱性,回想一下第一節時提到的正三角形的旋轉對稱性。在正三角形中,將目光放在三個頂點,思考頂點在旋轉之後的去向。決定了頂點的去向之後,也就決定了旋轉的方法。如果將這三個頂點的互換,連結對應到與三個根 ζ_1、ζ_2 與 ζ_3 的互換的話,就可以明白正三角形的旋轉對稱性與三個根互換的對稱性、也就是三次的對稱群 S_3 是同樣的事情。

如同在第二節說明的一樣,保持正三角形形狀的旋轉(也就是,對稱群 S_3)是

$$\Omega = \begin{pmatrix} 1 & 2 & 3 \\ 2 & 3 & 1 \end{pmatrix}$$

與

$$\Lambda = \begin{pmatrix} 1 & 2 & 3 \\ 1 & 3 & 2 \end{pmatrix}$$

表示成

$$1, \qquad \Omega, \qquad \Omega^2$$
$$\Lambda, \qquad \Omega \times \Lambda, \qquad \Omega^2 \times \Lambda$$

像這樣，利用對稱群 S_3 可以表示成 Ω 與 Λ 組合的方法，來推導三次方程式的公式解吧。

在這之前，先複習一下剛剛提到的二次方程式。在二次方程式的情況，將目光放在兩個根 ζ_1 與 ζ_2 互換的對稱性 Γ

$$\Gamma = \begin{pmatrix} 1 & 2 \\ 2 & 1 \end{pmatrix}$$

考慮到 $\beta_+ = \zeta_1 + \zeta_2$ 及 $\beta_- = \zeta_1 - \zeta_2$。使用 Γ 的互換，雖然 β_+ 是不變的，但是 $\beta_- \to -\beta_-$，乘上了負號。這個符號在平方之後就會消失，所以，$(\beta_-)^2$ 變成即使將解互換之後也不會改變。像這樣，因為 $\beta_+ = \zeta_1 + \zeta_2$ 及 $\beta_-^2 = (\zeta_1 - \zeta_2)^2$ 是即使將解互換之後也不會發生改變的，所以能夠利用方程式的係數表示，也因此可以推導出二次方程式的公式解。

根的互換 Γ，連續互換兩次的話，就會回復成原本的狀態，因此 $\Gamma^2 = 1$。另一方面，使用這個互換的話，β_- 會乘上（-1）。連續操作兩次恢復成原本的狀態，就是（-1）$^2 = 1$。也就是說，對稱性 $\Gamma^2 = 1$ 的性質，與 β_- 乘上（-1）的（-1）$^2 = 1$ 的性質之間有關。請先把這件事記起來。

利用同樣的方法來想的話，為了要找出三次方程式的公式解，要先找出三個根的 ζ_1、ζ_2 與 ζ_3 的組合，也就是對稱群 S_3 中不變的事物。因為 S_3 是由 Ω 與 Λ 組合而成的，首先，先找找利用 Ω 也不改變的組合。例如，想到

$$\beta_0 = \zeta_1 + \zeta_2 + \zeta_3$$

利用 Ω 也不會改變。

沒有其他像這樣的組合了嗎？

在二次方程式的情況時，$\beta_- = \zeta_1 - \zeta_2$ 的組合非常重要。這個組合中，利用 Γ 將解互換之後，最後的值並不會保持不變，而是乘上（－1）。

試著想想，難道沒有其他的組合 β，像 β_- 那樣，即使 Ω 的對稱性並非完全不變，但至少能像 $\beta \rightarrow z \times \beta$ 那樣，乘上某個數 z 之後的組合 β 了嗎？這個對稱性具有 $\Omega^3 = 1$ 的性質，因此重複三次之後就會回復成原本的狀態。也就是說，數 z 也需要具備 $z^3 = 1$ 的性質。如同前一話第五節提到過的，這個算式具有下面的解。

$$z = 1, \frac{-1+i\sqrt{3}}{2}, \frac{-1-i\sqrt{3}}{2},$$

如果以 $\omega = \frac{-1+i\sqrt{3}}{2}$ 代入，這三個根就可以表示成：

$$z = 1, \omega, \omega^2$$

因為是 $z^3 = 1$ 的根，所以當然 $\omega^3 = 1$。

剛剛提到的

$$\beta_0 = \zeta_1 + \zeta_2 + \zeta_3$$

利用 Ω 也不會改變，因此對應到 $z = 1$。那麼，將 Ω 代入，有沒有乘上 $z = \omega$、ω^2 之類的組合呢？將答案寫出來的話，就是

$$\begin{cases} \beta_1 = \zeta_1 + \omega^2\zeta_2 + \omega\zeta_3 \\ \beta_2 = \zeta_1 + \omega\zeta_2 + \omega^2\zeta_3 \end{cases}$$

　　來確認看看吧。利用 Ω 的對稱性，將 $1 \to 2$、$2 \to 3$、$3 \to 1$ 互換，就成為：

$$\beta_1 \to \zeta_2 + \omega^2\zeta_3 + \omega\zeta_1$$

另一方面，將 β_1 乘上 ω、套用 $\omega^3 = 1$ 的話，也會成為：

$$\omega \times (\zeta_1 + \omega^2\zeta_2 + \omega\zeta_3) = \zeta_2 + \omega^2\zeta_3 + \omega\zeta_1$$

也就是說，利用 Ω 互換，就能夠知道 $\beta_1 \to \omega\beta_1$。同樣地，也可以知道 $\beta_2 \to \omega^3\beta_2$。

　　於是，就可以做出三個利用 Ω 互換也不會改變的組合。首先，β_0 是本身就不會發生改變。至於 β_1 跟 β_2，雖然利用 Ω 互換之後，分別乘上了 ω 及 ω^2，但是因為 $\omega^3 = 1$，所以立方之後，β_1^3 與 β_2^3 就變成利用 Ω 互換也不會發生改變。

　　於是，就能夠知道，利用 Ω 互換也不發生改變的組合有 β_0、β_1^3、β_2^3 這三種。接著，考慮對稱群 S_3 的另一個互換：

$$\Lambda = \begin{pmatrix} 1 & 2 & 3 \\ 1 & 3 & 2 \end{pmatrix}$$

　　因為這是將方程式的解，進行 $\zeta_2 \leftrightarrow \zeta_3$ 的互換，$\beta_0 = \zeta_1 + \zeta_2 + \zeta_3$ 仍然維持不變。即使是利用 Ω 或是 Λ 的互換都不會發生改變，這個組合是對稱群 S_3 的恆等變換。在對稱群中恆等的組合，應該就能夠利用方程式的係數來表示。實際上，從根與係數的關係得知，

$$\beta_0 = -a$$

另一方面，剩下的兩個組合，利用 Λ 的互換

$$\beta_1^3 \leftrightarrow \beta_2^3$$

這時候，利用跟前一節解二次方程式時所使用的同樣方法，就可以做出不變的組合。

首先，$(\beta_1^3 + \beta_2^3)$ 利用兩種互換都不會發生改變。已經證實 β_1^3 與 β_2^3 是利用 Ω 也不會發生改變的，所以這個組合應該是三次對稱群 S_3 恆等。也就是說，應該能夠利用方程式的係數 a、b、c 表示。實際上，的確會成為

$$\beta_1^3 + \beta_2^3 = -2a^3 + 9ab - 27c$$

那麼，$(\beta_1^3 - \beta_2^3)$ 會成為怎樣呢？雖然利用 Ω 是不變的，但是利用 Λ 的話，符號就相反了。如果要解決這個問題的話，只要更進一步平方就可以了。實際上 $(\beta_1^3 - \beta_2^3)^2$，可以利用方程式的係數 a、b、c 表示。

$$(\beta_1^3 - \beta_2^3)^2 = (2a^3 - 9ab + 27c)^2 + 4(3b - a^2)^3$$

計算到這邊之後，接下來只要按照順序倒推回去就可以了。首先，因為 $(\beta_1^3 - \beta_2^3)^2$ 可以利用 a、b、c 表示，所以可以利用平方根來計算。將 $(\beta_1^3 - \beta_2^3)^2$ 與 $(\beta_1^3 + \beta_2^3)$ 的算式組合之後，就可以得到。

$$\begin{cases} \beta_1^3 + \beta_2^3 = -2a^3 + 9ab - 27c \\ \beta_1^3 - \beta_2^3 = \pm\sqrt{(2a^3 - 9ab + 27c)^2 + 4(3b - a^2)^3} \end{cases}$$

將這兩個算式的兩邊相加、相減之後，就能夠確定 β_1^3 與 β_2^3。更進一步，利用立方根求得 β_1 與 β_2 的值。從根與係數的關係，可以知道

$$\beta_0 = -a$$

於是，能夠利用根的係數 a、b、c 的加減乘除以及立方根、平方根，表示 β_0、β_1、β_2。

將這些 β，利用方程式的三個根 ζ_1、ζ_2、ζ_3 表示，就可以定義成

$$\begin{cases} \beta_0 = \zeta_1 + \ \zeta_2 + \zeta_3 \\ \beta_1 = \zeta_1 + \ \omega^2\zeta_2 + \omega\zeta_3 \\ \beta_2 = \zeta_1 + \ \omega\zeta_2 + \omega^2\zeta_3 \end{cases}$$

將這個想像成是關於 ζ_1、ζ_2、ζ_3 的聯立方程式的話，因為 $\omega^2 + \omega + 1 = 0$，所以根就成為

$$\begin{cases} \zeta_1 = \dfrac{1}{3}(\beta_0 + \beta_1 + \beta_2) \\[2mm] \zeta_2 = \dfrac{1}{3}(\beta_0 + \omega\beta_1 + \omega^2\beta_2) \\[2mm] \zeta_3 = \dfrac{1}{3}(\beta_0 + \omega^2\beta_1 + \omega\beta_2) \end{cases}$$

因為 β_0、β_1、β_2 可以利用方程式的係數的加減乘除以及立方根、

平方根表示，所以將之代入上述的公式，就可以成為三個根 ζ_1、ζ_2、ζ_3 的公式。

$$\left\{ \begin{aligned} \zeta_1 &= -\frac{a}{3} + \sqrt[3]{-\frac{q}{2} + \sqrt{\frac{p^3}{27} + \frac{q^2}{4}}} + \sqrt[3]{-\frac{q}{2} - \sqrt{\frac{p^3}{27} + \frac{q^2}{4}}} \\ \zeta_2 &= -\frac{a}{3} + \omega\sqrt[3]{-\frac{q}{2} + \sqrt{\frac{p^3}{27} + \frac{q^2}{4}}} + \omega^2\sqrt[3]{-\frac{q}{2} - \sqrt{\frac{p^3}{27} + \frac{q^2}{4}}} \\ \zeta_3 &= -\frac{a}{3} + \omega^2\sqrt[3]{-\frac{q}{2} + \sqrt{\frac{p^3}{27} + \frac{q^2}{4}}} + \omega\sqrt[3]{-\frac{q}{2} - \sqrt{\frac{p^3}{27} + \frac{q^2}{4}}} \end{aligned} \right.$$

其中，$p = b - \dfrac{a^2}{3}$ ，$q = c - \dfrac{ab}{3} + \dfrac{2a^3}{27}$

這就正是卡當諾公式。在這邊，是學習拉格朗日的想法，從方程式根的互換的對稱性著手，推導公式解。

第八話一開始的時候，提到了關於三次方程式 $x^3 - 6x + 2 = 0$，明明具有實數解，但是在公式解中卻需要虛數一事。在這個方程式中，因為 $a = 0$、$b = -6$、$c = 2$，所以 $p = -6$、$q = 2$。將這個代入上面的公式，例如 $\zeta_1 = \sqrt[3]{-1 + \sqrt{-7}} + \sqrt[3]{-1 - \sqrt{-7}}$，就出現了虛數 $\sqrt{-7}$。

5 「方程式有解」究竟是怎樣一回事呢？

再來複習一次二次方程式的解法吧。

$$x^2 + ax + b = 0$$

首先，先從係數 a 與 b 是將根 ζ_1、ζ_2 互換也不會改變著手。想想有哪些組合，是將這兩個根組合、並且互換之後也不會改變，可以想出 $(\zeta_1 + \zeta_2)$ 與 $(\zeta_1 - \zeta_2)^2$，不管哪一個都能夠利用 a 與 b 表示。

$$(\zeta_1 + \zeta_2) = -a, \qquad (\zeta_1 - \zeta_2)^2 = a^2 - 4b$$

因為第二個算式的平方根是 $\zeta_1 - \zeta_2 = \pm\sqrt{a^2 - 4b}$，將這個平方根與$(\zeta_1 + \zeta_2) = -a$ 組合之後，就成為 ζ_1、ζ_2 的聯立一次方程式。解出這個聯立方程式之後，就能夠推導出二次方程式的公式解。

三次方程式的情況也是一樣，

$$x^3 + ax^2 + bx + c = 0$$

係數 a、b、c 是將根 ζ_1、ζ_2、ζ_3 互換也不會改變。這時，能夠表示這種互換的三次對稱群 S_3 是利用 Ω 與 Λ 來表示，接著，做出在 S_3 中不變的三個根 β_0、$(\beta_1^3 + \beta_2^3)$、$(\beta_1^3 - \beta_2^3)^2$。因為這些數都可以表示成方程式的係數 a、b、c，因此就能夠決定 ζ_1、ζ_2、ζ_3。

不管是哪一種情況，將根經過加法減法的計算、以及次方根的計算的組合，都能夠表示成方程式的係數形式。這個時候，「根的組合在對稱群中是恆等變換」就很重要。在對稱群中恆等，一定能夠用方程式的係數來表示。二次與三次方程式的情況，的確是如此。在二次方程式中的組合是 $(\zeta_1 + \zeta_2)$、$(\zeta_1 - \zeta_2)^2$；而在三次方程式中的組合是 β_0、$(\beta_1^3 + \beta_2^3)$、$(\beta_1^3 - \beta_2^3)^2$。

拉格朗日從方程式根的互換性著手，說明了方程式有解的理由。

伽羅瓦則是更進一步地闡明了拉格朗日的這個理由，是根據 S_2、S_3 這樣的對稱群的性質而造成。原本就是伽羅瓦第一個將互換的對稱統整之後思考出「群」這項概念的。

因為在二次方程式的情況下，能夠在 S_2 中不變的組合，在 S_2 中只能夠做出 1 及 Γ。因此，只要利用 Γ 做出不變的組合就好。那就是 $(\zeta_1 + \zeta_2)$ 與 $(\zeta_1 - \zeta_2)^2$。

因為二次方程式的情況實在太過簡單了，因此很難明白對稱群的重要性，到了三次、四次方程式的時候，就能夠明白對稱群的好處了。

剛剛提到了，對稱群 S_3 是由 Ω 與 Λ 這兩者所做成的。這兩者具有 $\Omega^3 = 1$ 與 $\Lambda^2 = 1$ 的簡單性質。另外，雖然 Ω 與 Λ 是不能互換的（乘法的順序改變的話，答案也跟著改變），但是因為 $\Lambda \times \Omega = \Omega^2 \times \Lambda$，所以對稱群 S_3，實質上可以分成 $\{1, \Omega, \Omega^2\}$ 與 $\{1, \Lambda\}$ 兩組的群。第二節中，將 S_3 的六種互換可以表現成下面形式，就是因為這個原因。

$$1, \qquad \Omega, \qquad \Omega^2$$
$$\Lambda, \qquad \Omega \times \Lambda, \qquad \Omega^2 \times \Lambda$$

看到這個形式，就能夠明白對稱群 S_3 是由兩種簡單的群 $\{1, \Omega, \Omega^2\}$ 與 $\{1, \Lambda\}$ 所組合而成的。首先，先有群 $\{1, \Lambda\}$，然後，由左至右分別加上 $\{1, \Omega, \Omega^2\}$，就能夠成為 S_3 的全部六種互換。像俄羅斯娃娃一樣，身體可以上下分開，打開之後裡面有一個稍微小一點的娃娃。再打開之後，裡面有一個更小的娃娃，一層一層套在一起。對稱群 S_3 也像俄羅斯娃娃一樣，有兩個群成為子群。

利用這項性質，就能夠做出三次方程式的根在 S_3 中的恆等組合。首先，先做出利用 Ω 也不會改變的組合是 β_0、β_1^3、β_2^3，接著，再做

出利用 Λ 也不會改變的組合是 β_0、$(\beta_1^3 + \beta_2^3)$、$(\beta_1^3 - \beta_2^3)^2$，就完成了。這些組合只有使用平方以及立方，所以只要將這些組合回推，只利用平方根及立方根就能夠解答三次方程式了。

那麼，四次方程式又是怎樣的情形呢？在這個情況下，四次的對稱群 S_4 就成為問題了。兩次的對稱群 S_2 只由 1 及 Γ 這兩個所構成，三次的對稱群 S_3 由六種互換所構成。成為四次的對稱群 S_4 的話，就有 24 種互換。分別是使用滿足 $\Lambda_1^2 = 1$、$\Lambda_2^2 = 1$、$\Lambda_3^2 = 1$、$\Omega^3 = 1$ 的 Λ_1、Λ_2、Λ_3、Ω，以及像下面這樣以子群表示的方法。

$$\Lambda_1^n \times \Lambda_2^m \times \Omega^r \times \Lambda_3^s$$
$$(n = 0, 1 \; ; m = 0, 1 \; ; r = 0, 1, 2 \; ; s = 0, 1)$$

的確，全部的組合一共是 $2 \times 2 \times 3 \times 2 = 24$ 種，與 S_4 元素的數目一致。換句話說，對稱群 S_4 是由四個簡單的群 $\{1, \Lambda_1\}$、$\{1, \Lambda_2\}$、$\{1, \Omega, \Omega^2\}$ 及 $\{1, \Lambda_3\}$ 成為子群而成的。在這邊稱為「簡單的群」的，是只有一種互換的次方，成為 $\{1, \Omega, \Omega^2, \cdots, \Omega^{p-1}\}$ 這樣形式的群。在數學中，將這樣的群稱為「循環群」。

利用四次的對稱群 S_4 的這個性質，就能夠做出四次方程式的根在 S_4 恆等的組合。從四個根開始

（1）首先，做出利用 Λ_1 也不改變的組合（這個使用平方就可以做出來）

（2）接著，做出利用 Λ_2 也不改變的組合（也是使用平方就可以做出來）

（3）然後，做出利用 Ω 也不改變的組合（使用立方就可以做出來）

（4）最後，做出利用 Λ_3 也不改變的組合就好了（使用平方就可以做

出來）

這樣做出來的組合，因為在對稱群 S_4 中恆等，於是保證能夠利用方程式的係數來表示。這時候，只要順著原路倒推回去，原本的四個根也能利用方程式的係數表示了。這就是四次方程式的公式解。因為製作恆等組合時所使用的只有平方以及立方，所以倒推回去的時候，只需要平方根及立方根。這也再現了記載在《大術》裡的法拉利公式。

6 五次方程式與正20面體

終於，輪到五次方程式了。在這個情形下，問題就成為表示五個解 ζ_1、ζ_2、…、ζ_5 的互換的對稱群 S_5。如果這個群，像目前為止的 S_2、S_3、S_4 那樣，能夠由簡單的群（循環群）成為子群的話，那麼就可以利用次方根解答，如果不能的話，那麼就無解。

五次的對稱群 S_5，能夠分解成現在要說明的特別的群 I、以及其中的兩個解，例如 ζ_1、ζ_2 的互換的群 $\{1,\Lambda\}$。

但是，這個群 I，就無法更進一步分解了。

剛剛說明了，三次的對稱群 S_3 與正三角形的旋轉對稱性是相同的。同樣地，I 這個群，也對應到某個圖形的旋轉對稱性。只是，這個圖形並不是二維的圖形，而是像圖 9-6 那樣

圖 9-6　正 20 面體，是由 20 的正三角形、
　　　　30 條邊、12 個頂點所組成的

的三維的正 20 面體。所以，I 稱為正 20 面體群。這個 I 就是正 20 面體的英文「icosahedron」的第一個字母。

正 20 面體群，與活躍於剛剛解方程式時的「循環群」的性質非常不同。特別重要的一點是，正 20 面體群中具有「無法交換的旋轉」。例如，像圖 9-7 那樣，繞著以上下貫穿頂點的中心軸旋轉 72（= 360/5）度的話，能夠與原本的正 20 面體重合。或是，像右邊那樣，繞著貫穿正三角形面的重心的中心軸旋轉 120（= 360/3）度的話，這也是一種正 20 面體的對稱性。連續進行這兩種的旋轉的話，結果卻會依照旋轉的順序不同而改變。這也就是說，乘法的順序「無法交換」。

圖 9-7　以頂點的貫穿軸為中心的旋轉（左）與以面的重心的貫穿軸為中心的旋轉（右）「無法交換」

三次的對稱群 S_3 的情形也是相同，像是 $\Lambda \times \Omega \neq \Omega \times \Lambda$ 那樣，也有乘法順序無法交換的情況，但是那樣的情形之下，能夠利用 $\Lambda \times \Omega = \Omega^2 \times \Lambda$，將 S_3 整體整理成

$$1, \qquad \Omega, \qquad \Omega^2$$
$$\Lambda, \qquad \Omega \times \Lambda, \qquad \Omega^2 \times \Lambda$$

的形式，因此就能夠分解成 $\{1, \Omega, \Omega^2\}$ 與 $\{1, \Lambda\}$。三次方程式可以利用立方根及平方根解答的原因就在這裡。

　　但是，正 20 面體群無法更進一步分解，而且，其中還有不能交換乘法順序的情況。因此，在五次方程式的情況，即使將五個根經過反覆相加相減與次方根的轉換，也無法做出在 S_5 中恆等的組合。五個根如果能利用方程式係數的次方根表示的話，經過加法減法及次方的反覆計算，就應該能夠回復成原本的係數。無法利用方程式的係數表示的話，也就表示僅僅使用次方根的話、無法寫出公式解。於是就能明白，五次方程式僅僅靠次方根是無法解答的。

7 伽羅瓦最後的信

　　將目前為止說明的事情，利用伽羅瓦自己的話來說一遍。在決鬥的前一晚寫給友人薛佛勒的信件中，寫下了這樣一段話：

　　我探討了方程式在什麼情況下能夠用次方根解答的這個論點。（中略）如果那些群是各自具有質數個的順列的話，那個方程式就可以利用次方根解答。如果不是，僅僅只用次方根是無法解答的。

　　在這邊，伽羅瓦提到的「那些群」就是指，將根互換的群分解的

時候所出現的群。

例如，在三次方程式中，對稱群 S_3 具有 Ω 與 Λ。這時候的「那些群」，就是指 $\{1, \Omega, \Omega^2\}$ 與 $\{1, \Lambda\}$，那些「順列的個數」就是 3 與 2。

在四次方程式中，對稱群 S_4 具有 Λ_1、Λ_2、Ω 及 Λ_3。這時候的「那些群」是 $\{1, \Lambda_1\}$、$\{1, \Lambda_2\}$、$\{1, \Omega, \Omega^2\}$ 及 $\{1, \Lambda_3\}$，「順列的個數」就是 2、2、3、2。果然，全部都是質數，所以方程式是能夠用次方根解答的，符合伽羅瓦的判斷。

能夠證明「順列的個數」成為質數 p 的情況時，群就會成為像 $\{1, \Omega, \Omega^2, \cdots, \Omega^{p-1}\}$ 這樣形式的循環群。在這個情況下，只要將經過加法、減法之後的數 p 次方之後，就能夠做出在這個群中不變的解的組合。於是，逆推回去的話，只要計算 p 次方根就好了。當根的互換能夠分解成這樣的群的時候，方程式就能夠利用次方根解答。

然而，五次方程式的情況時，對稱群 S_5 的「那些群」是正 20 面體群 I 以及 $\{1, \Lambda\}$。I 具有 60 種的旋轉，且 60 不是質數。因為「順列的個數」並不是質數，使用伽羅瓦寫在最後的信裡的判斷條件的話，就能夠明白五次方程式無法利用次方根解答。

8 算式的難度與形式的美

雖然在這邊所思考的是一般形式的 n 次方程式，伽羅瓦的方法也可以使用在特別的方程式。例如，

$$x^5 - 15x^4 + 85x^3 - 225x^2 + 274x - 120 = 0$$

雖然是五次方程式，但是卻有五個整數解 $x = 1$、2、3、4、5。此外，

對於 n 次方程式

$$x^n = 1$$

的解，不管是怎樣的自然數 n，都能用自然數的次方根表示。想要表示這樣的方程式的性質時，比起對稱群一般更常用的是稱為伽羅瓦群的方法。

伽羅瓦群是怎樣的群呢？雖然無法在這邊多做說明，伽羅瓦群是一種一個個對應到方程式而決定的群。雖然一般的 n 次方程式的伽羅瓦群會成為 n 次的對稱群，但是在特殊形式的方程式中，伽羅瓦群會成為比較小的群。

伽羅瓦群顯示了解方程式的難易度。例如，一次方程式

$$ax + b = 0$$

因為解只有一個，所以互換也只有將一個解換成自己本身之外就沒有別種可能性了。這個情況下，伽羅瓦群就是 {1}。因為一次方程式是簡單的方程式，所以相對應的伽羅瓦群也很簡單。

在一般的二次方程式

$$x^2 + ax + b = 0$$

伽羅瓦群為 $S_2 = \{1, \Gamma\}$。在這個情況下，因為有 Γ 這樣的置換，無法將解表示成只利用 a 與 b 的加減乘除的方法，於是就需要平方根。

方程式的次數愈高、伽羅瓦群就愈大。在一般的五次方程式中，伽羅瓦群是 S_5，因為其中包含了正 20 面體群，所以五次方程式無法只用次方根解答。

但是，在特別形式的方程式中，也有伽羅瓦群變成比較小的情況。例如，剛剛登場的五次方程式

$$x^5 - 15x^4 + 85x^3 - 225x^2 + 274x - 120 = 0$$

的伽羅瓦群與一次方程式相同，是 {1}。

另外，像

$$x^3 = 1, x^5 = 1, x^{17} = 1, x^{257} = 1, x^{65537} = 1$$

這樣的方程式，伽羅瓦群具有 {1, Λ}（$Λ^2 = 1$）這樣形式的子群。能夠利用方程式的次數是 $n = 2^{2^k} + 1$ 形式的質數的這件事來證明。在這個情形下，只需要將方程式的根經過加法減法及平方的反覆運算，就能夠利用方程式的係數來表示（在這個情況時是 1 與 - 1）。這時候，將這個過程一步步逆推回去的話，方程式的根就全部成為能夠利用平方根表示。將方程式 $x^n = 1$ 的 n 個解在高斯平面上作圖的話，就成為正 n 角形的頂點。如果是平方根的話，就能夠利用圓規跟尺作圖，所以就能知道正 3 角形、正 5 角形、正 17 角形、正 257 角形、正 65537 角形是可以作圖的。

相對於此，針對一般的自然數 n 的方程式 $x^n = 1$ 的伽羅瓦群，成為子群的，並不僅僅 {1, Λ}，而是關於各式各樣的質數 p 的 $\{1, Ω, Ω^2, \cdots, Ω^{p-1}\}$ 群。像這樣的方程式，雖然只用平方根是解不開的，如果使用一般的次方根的話，就能夠解答了。

為了要解開困難的方程式，就必須要增廣使用的「數」的範圍。如果是整數係數的一次方程式，利用分數就能解答。為了要解開二次方程式，就需要整數的平方根；為了要解開三次方程式，就需要立方

根。然後，在五次以上的方程式中，就出現了無法用次方根來表示的數。一般的五方程式的根，雖然無法寫成次方根的形式，但是能夠使用所謂的「橢圓模函數」來表示。

伽羅瓦群告訴我們為了要能解開方程式，什麼樣的數是必須。不單單只是「五次方程式很難」，而是詢問「究竟方程式的難度是什麼」，給予這個問題本質上的解答的，就是伽羅瓦。

伽羅瓦所創始的「群」的想法，逐漸被使用在數學的各個領域中。在第 1 節與第 2 節中，利用群說明了正多角形的對稱性，能夠開始思考這樣的表現方法的，也是在伽羅瓦之後的事情了。另外，第 6 節出場的正 20 面體也表現出了幾何學圖形的對稱性。我覺得比起描繪在平面的正多角形，立體的正 20 面體看起來更美，這難道不是因為表示對稱性的群，變得更加複雜的緣故嗎？可以說，群的複雜度表示了幾何學圖形的美麗度。

另外，在 2003 年，因為俄羅斯的數學家格里戈里‧斐瑞爾曼（Grigory Perelman）的證明而受關注的「龐加萊（Poincaré）預測」，就是跟利用群來表示圖形複雜度的方法有關。20 世紀初，法國數學家龐加萊想將伽羅瓦群的思考方法應用在幾何上。為了表示各式各樣形狀的空間複雜度而提出了「基本群」。龐加萊認為，在三維空間中，只有一種空間是基本群為最簡單的 {1}，但是他卻無法證明這件事。關於這個預測，在空間是二維的情況時，從以前就知道是正確的，在空間是五維以上的情況時，由史提芬‧斯梅爾（Steven Smale）在 1961 年證明出來而獲得費爾茲獎；四維空間，則是由麥克‧傅利曼（Michael Freeman）在 1982 年證明而獲得費爾茲獎。而在這個預測中，被留到最後的三維空間的情況，則是由斐瑞爾曼證明（每

隔 21 年，證明就有進展，真的是偶然呢）。斐瑞爾曼也在 2006 成為費爾茲獎的受獎人，雖然國際數學家大會的會長約翰・波爾（John Ball）親自到聖彼得堡說服斐瑞爾曼，但是他仍然辭退了斐爾茲獎。

伽羅瓦之後，在數學世界發展的「群」的想法，在進入 20 世紀之後，也開始應用在各式各樣的科學領域中。例如，愛因斯坦基於物理法則應該具有對稱性的原理提出了狹義相對論及廣義相對論。化學及物質科學也是，使用群的想法，將分子及結晶的構造分類。另外，我研究的基本粒子理論也是一樣，為了要理解基本粒子之間的作用力，也不能少了「群」這樣的語言。

像這樣，伽羅瓦突破地深入研究「究竟方程式的難度是什麼」而產生的「群」這樣的想法，對科學跟技術帶來非常大的貢獻。

9 多擁有一種靈魂

在這本書中，述說了關於要在 21 世紀過有意義的人生所必須要學會的數學。從判斷風險時所需要的機率到估算天文數字的方法等等，雖然也有日常生活中立刻可以派上用場的方法，但是也有像這一話的「方程式可以用次方根解答嗎」這種由純粹對知識產生興趣而發生的問題。

也有人覺得義務教育不需要教像二次方程式的公式解那種，在日常生活中使用機會很少的數學，而實際上，日本在推行寬鬆教育時，就把公式解從國中的學習綱領中刪除了。然而，「派不上用場的數學」也有學習的價值。學習數學，其實某個面向來看也是學習語言的一種。

據說澳洲東北部的原住民使用的語言中，沒有「左」跟「右」的字彙。相對的，總是使用東南西北來表示場所。例如，他們會說「你的北邊的腳上有螞蟻唷」。因此，他們需要隨時注意著東南西北的方向，據說他們的方向感非常好，從不會迷路。

日語跟英語也有許多不同的地方。例如，雖然英語的句子中一定有主詞，但是日語卻允許沒有主詞的句子。雖然有著「昨天做了什麼？」「去看了電影」這樣的對話，但是雙方都沒有提到主詞。

最近，史丹佛大學的心理學研究室做了一個實驗。讓說日語的人與說英語的人分別觀看有人打破了花瓶、弄翻了牛奶的影片。在看完影片之後，研究人員提問「誰打破花瓶」。結果，說日語的人也好、說英語的人也是，在影片中的出場人物故意打破花瓶時，都能很清楚記得關於那個人的事情。但是，如果花瓶是在偶然之間被打破了，說日語的人似乎對於是誰把花瓶打破比較沒有印象。原因似乎是因為，要利用日語描述所看到的事件時，不需要使用主詞的關係。

相反地，也有日語比較能好好描述的情況。例如，日語有許多表達「你」、「我」的字彙。敬語、丁寧語也很發達。所以，在使用日語的時候，會好好思考跟對方的關係而選擇所使用的字彙。

像這樣，我們所使用的語言大大影響了我們對身邊發生的事情的感受以及思考那些事的方式。

古羅馬帝國滅亡後，再次統一歐洲的查理大帝就曾經說過「多學習一種語言，就多擁有一種靈魂」。因為我們的思考受到語言的支配，所以多學習一種外語，就等於多學習一種新的思考方式。

數學是為了將事物回歸到基本原理、盡可能正確地表現出事物樣貌而產生的語言。第六話引用的笛卡兒的《談談方法》裡提到的那樣，

「完全的列舉、進行廣泛的再檢討」。不允許出現「出乎意料」這樣的事。另外，「從單純推向複雜、依照順序地思考」。不允許曖昧不明的表現方法，「如果不是具有明證的真理的話，就不承認其為真」。

學習數學，不僅僅是學習立刻能派上用場的方法，而是像這樣，學習鍛鍊思考方法。如同第二話一開始時所引用的伊隆·馬斯克的話，「想要達到真正的創新，就必須回到基本原理，再重新計畫。不管是哪一個領域，找出在那個領域之中最基本的真理，然後從那邊開始重新思考。」

當然，也有無法用這樣的方法述說的事情。確立日本近代評論、對現在日本人的想法帶來很大影響的小林秀雄，在他的代表作之一的「所謂無常的事」的開頭文章〈當麻〉中寫道，「有著美麗的『花』，沒有任何事物能夠比擬『花』之美」。也就是說，美是一種具體的存在，不是能夠作為抽象概念而理解的。

數學能夠描述的事物受到了限制。但是，在那些受到限制的對象之中，也有著廣大豐饒的世界。不是僅僅袖手旁觀，被「有著很難的『方程式』，沒有任何事物能夠比擬『方程式』之難」搞得目眩神迷，然後就停止思考。而是想辦法將「到底有多難」用數學的方法表現，而創造出「群」的語言的──就是伽羅瓦。之後，這個「群」成為了打開數學新天地的鑰匙。

數學是一門正在向上發展的語言。在科學的最先端，為了要能夠述說最新的科學知識，不斷地產生新的數學。在我所屬的 Kavli IPMU 也是這樣，數學家跟物理學家不斷做出新的數學，解開宇宙的謎題。

為了要述說到目前為止無法說明的事、要解開到目前為止無法解

開的問題，就要做出新的語言。這應該是人類的智能活動中最精采的事情之一吧。在這本書中，從古巴比倫、希臘的時代開始，到中國、阿拉伯文明的黃金期、從中世紀的歐洲到文藝復興的科學革命、江戶時期的和算、經過法國革命及德國大學制度直到現代，見到了人類花費了數千年而做出的數學成果的各種面向。我覺得能夠接觸到這樣的活動「獲得多一種靈魂」，是學習數學很重要的意義。

後記

　我的女兒在加州出生、成長，雖然在當地接受義務教育，但也在日語補習學校體驗了日本的學校生活。在她補習學校小學部的畢業典禮時，我很榮幸地在謝恩會上以監護人之一的身分發表演講。除了感謝指導她的老師們之外，我也談到日語跟英語的雙語教育，讓人能夠更廣也更深地思考事物。而且，數學也是語言之一，「希望身兼日語、英語雙語能力的各位，也能夠學習數學，期待各位能以三語的身分活躍在社會上」，我以此做結。幻冬舍的小木田順子老師在我的部落格上看到了演講的原稿，向我提出提案，書寫「能夠接續這個話題的數學的書」，這是我開始寫這本書的契機。

　剛好，那時幻冬舍成立了網頁「幻冬舍 plus」，於是在九個月之間，在幻冬舍的專欄上隔週連載。除了我的連載之外的其他連載大多是比較軟性的文章，感覺我好像是穿著燙得筆挺的制服闖入時尚派對一般。然而，每回文章發表之後，都能在「人氣文章排行榜」上得到第一名，甚至也被選為「最多讀者回應的文章」之一，獲得很高的點閱率。為了能向二十多歲的線上讀者們傳達數學的樂趣以及有趣之處，我花了許多時間思考鍛鍊文章的內容。

　在連載中，我利用 LaTeX 編排原稿，利用 JavaScript Library 的 MathJax 在讀者的網頁上顯示出數學方程式。那時，真的對幻冬舍的網頁負責人柳生一真帶來許多麻煩，非常感謝他。

　為了將連載以單行本的形式出版，我重新思考整體的敘事內容，也對題目做了許多取捨，連說明的方法都全部更改過。此外，也請數

學界各個學門的專精研究者看過原稿，得到很多建議。特別是大阪大學的大山陽介先生、俄羅斯國際經濟高等學院的武部尚志先生、神戶大學的谷口隆先生、東北大學的長谷川浩司先生給予了許多寶貴的建議跟評論。

此外，在發表第五話「無限世界與不完備定理」時，從數理邏輯學的專門研究者那邊得到了許多指導。特別是，奈良女子大學的鴨浩靖先生，給予了非常誠懇的貴重意見。

因為有這些寶貴的意見，所以完成了更好的原稿。真的是非常感謝各位。當然，我會對於這本書的內容負起完全的責任。至於專門用語，原則上是依據國中跟高中的教科書準則，但是有些專門用語的學術用語的使用方法可能會有一些不同。

小木田女士是幻冬舍的新書《重力是什麼》以及《強力跟弱力》的編輯，是推廣科學普及的前輩。在這本書中，不僅能夠掌握數學的內容，也對主題的選擇與難易度幫助很多。

我在連載數學專欄的時候，女兒剛好要接受高中考試。幸好，她考上了第一志願的新英格蘭的寄宿學校，去年的秋天開始展開住宿生活。這本書，也是邊想著對離家獨立的女兒是否還有沒有傳達到的事物而寫的。

數學跟民主主義都是在古希臘誕生的。數學是一種不需要依賴宗教或是權威，僅使用所有人都可以接受的論證就能找出真實的方法。不是高壓逼著對方接受結論，而是每個人都能用自己的頭腦自由思考判斷。這樣的態度，對民主主義能夠健全地發揮機能也是必要的。我覺得數學與民主主義，在幾乎同樣時代、同一個地點誕生，並不是偶然。

經濟合作暨發展組織（OECD）所舉辦的，針對 15 歲青少年的調查活動「國際學生能力評量計畫」（PISA）中也提到「數學素養」的定義是指「能夠幫助個人認識數學在世界中擔任的工作，並對於積極、有建設性、能進行深度思考的市民，幫助他們在必備的穩固根基上做判斷或決定」。

　　現在已經是能夠在一瞬間從網路上獲得世界各地知識的時代。為了不被資訊的洪水沖走，能夠捕捉事物的本質、從中創造新的價值，能夠自己思考的能力就變得前所未有的重要。如果這本書介紹的數學語言，能夠成為促使各位思考的關鍵，那就太令人欣慰了。

數感 FN2003X

用數學的語言看世界

一位博士爸爸送給女兒的數學之書，發現數學真正的趣味、價值與美
数学の言葉で世界を見たら：父から娘に贈る数学

作　　　者	大栗博司
譯　　　者	許淑真
特約主編	賴以威
編輯總監	劉麗真
責任編輯	謝至平
協力編輯	賴昱廷
行銷業務	陳彩玉、林詩玟、陳紫晴、葉晉源、林珮瑜

發　行　人	凃玉雲
出　　版	臉譜出版

城邦文化事業股份有限公司
臺北市中山區民生東路二段一四一號五樓
電話：886-2-25007696　傳真：886-2-25001952

發　　行　英屬蓋曼群島商家庭傳媒股份有限公司城邦分公司
臺北市中山區民生東路二段一四一號十一樓
服務專線：02-25007718；25007719
二十四小時傳真專線：02-25001990；25001991
服務時間：週一至週五上午09:30-12:00；下午13:30-17:00
畫撥帳號：19863813　戶名：書虫股份有限公司
讀者服務信箱：service@readingclub.com.tw
城邦網址：http://www.cite.com.tw

香港發行所　城邦（香港）出版集團有限公司
香港灣仔駱克道193號東超商業中心1樓
電話：852-25086231　傳真：852-25789337

新馬發行所　城邦（新、馬）出版集團
Cite（M）Sdn. Bhd.（458372U）
41-3, Jalan Radin Anum, Bandar Baru Sri Petaling,
57000 Kuala Lumpur, Malaysia.
電話：+6(03)-90563833　傳真：+6(03)-90576622
電子信箱：services@cite.my

封面設計　走路花工作室
內頁排版　漾格科技股份有限公司

一版一刷　2017年10月
二版一刷　2022年12月
I S B N　978-626-315-219-9（紙本書）
I S B N　978-626-315-218-2（EPUB）
版權所有·翻印必究
售　　價　380元

Original Japanese title: SUGAKU NO KOTOBA DE SEKAI WO MITARA
© Hirosi Oguri 2015
Original Japanese edition published by Gentosha Inc.
Traditional Chinese translation rights arranged with Gentosha Inc.
through The English Agency (Japan) Ltd. and AMANN CO., LTD., Taipei.

國家圖書館出版品預行編目(CIP)資料
用數學的語言看世界：一位博士爸爸送給女兒的數學之書.發現數學真正的趣味、價值與美/大栗博司著；許淑真譯.
-- 二版. -- 臺北市：臉譜出版，城邦文化事業股份有限公司出版：英屬蓋曼群島商家庭傳媒股份有限公司城邦分公司
發行, 2022.12
面；　公分. -- (數感；FN2003X)
譯自：数学の言葉で世界を見たら：父から娘に贈る数学
ISBN 978-626-315-219-9(平裝)

1.CST: 數學